essentials

essentials liefern aktuelles Wissen in konzentrierter Form. Die Essenz dessen, worauf es als „State-of-the-Art" in der gegenwärtigen Fachdiskussion oder in der Praxis ankommt. *essentials* informieren schnell, unkompliziert und verständlich

- als Einführung in ein aktuelles Thema aus Ihrem Fachgebiet
- als Einstieg in ein für Sie noch unbekanntes Themenfeld
- als Einblick, um zum Thema mitreden zu können

Die Bücher in elektronischer und gedruckter Form bringen das Fachwissen von Springerautor*innen kompakt zur Darstellung. Sie sind besonders für die Nutzung als eBook auf Tablet-PCs, eBook-Readern und Smartphones geeignet. *essentials* sind Wissensbausteine aus den Wirtschafts-, Sozial- und Geisteswissenschaften, aus Technik und Naturwissenschaften sowie aus Medizin, Psychologie und Gesundheitsberufen. Von renommierten Autor*innen aller Springer-Verlagsmarken.

Weitere Bände in der Reihe http://www.springer.com/series/13088

Rüdiger Stegen

Stochastik ohne Zufall und Wahrscheinlichkeit

Die Mathematik der relativen Anteile

Rüdiger Stegen
Braunschweig, Deutschland

ISSN 2197-6708 ISSN 2197-6716 (electronic)
essentials
ISBN 978-3-658-33778-0 ISBN 978-3-658-33779-7 (eBook)
https://doi.org/10.1007/978-3-658-33779-7

Die Deutsche Nationalbibliothek verzeichnet diese Publikation in der Deutschen Nationalbibliografie; detaillierte bibliografische Daten sind im Internet über http://dnb.d-nb.de abrufbar.

Planung/Lektorat: Iris Ruhmann
Springer Spektrum ist ein Imprint der eingetragenen Gesellschaft Springer Fachmedien Wiesbaden GmbH und ist ein Teil von Springer Nature.
Die Anschrift der Gesellschaft ist: Abraham-Lincoln-Str. 46, 65189 Wiesbaden, Germany

Was Sie in diesem *essential* finden können

- Warum die Stochastik ohne Zufall und Wahrscheinlichkeit einfacher und anschaulicher wird
- Warum die Stochastik ohne Zufall und Wahrscheinlichkeit allgemeiner und umfassender wird
- Warum man Grundlagen der Stochastik, wie die Kolmogoroffschen Axiome, den Erwartungswert, die bedingte Wahrscheinlichkeit, die stochastische Unabhängigkeit, den Satz von Bayes oder den Satz von der totalen Wahrscheinlichkeit ohne die Begriffe Zufall, Wahrscheinlichkeit und Ereignisse formulieren kann und sollte
- Warum Wahrscheinlichkeit nur eine von mehreren Interpretationen des relativen Anteils ist
- Warum Interpretationen des relativen Anteils außerhalb der Mathematik liegen

Vorwort

Der Titel „Stochastik ohne Zufall und Wahrscheinlichkeit“ klingt zunächst widersprüchlich, denn schließlich sind Zufall und Wahrscheinlichkeit zentrale Begriffe der Stochastik. Soll damit etwa behauptet werden, dass die Stochastik in ihren Grundlagen falsch oder zumindest renovierungsbedürftig ist? Oder ist schlicht die beschreibende (deskriptive) Statistik gemeint, in der man sich mit der Erhebung, Analyse und Interpretation von Daten befasst, ohne dass Zufall und Wahrscheinlichkeit eine nennenswerte Rolle spielen? Dann hätte man den Titel auch wesentlich klarer formulieren können!

„Stochastik“ heißt „Kunst des Ratens“ oder „Kunst des Vermutens“ und dass manche diese Bedeutung etwas zu wörtlich nehmen, zeigt die umfangreiche Literatur, die sich nur damit befasst, wie Stochastik für (un)bewusste Fehlinterpretationen genutzt wird, siehe z. B. Bosbach (2012) oder Krämer (2015), aber auch im Internet[1,2].

Mit diesem *essential* soll einen Beitrag dazu geleistet werden, Grundlagen der angewandten Stochastik schlüssig und einfach darzustellen, sodass für „Raten“ oder „Vermuten“ kein Raum bleibt. Wir werden dabei sehen, dass die verbreitete Darstellung mit Zufall und Wahrscheinlichkeit natürlich nicht falsch ist, aber sie ist auch nicht gerade einfach zu verstehen. Schließlich ist der Begriff „Wahrscheinlichkeit“ etwas sehr Anspruchsvolles, was man allein schon daran sieht, dass es sogar philosophische Werke zu diesem Thema gibt (z. B. Schurz 2015).

Dieses Buch ist aus der Beobachtung entstanden, dass sich viele Aufgaben zur Wahrscheinlichkeit auf relative Anteile – meistens relative Häufigkeiten – zurückführen lassen. Daraus entstand die Idee, auszuloten, wie weit diese Beobachtung

[1] www.rwi-essen.de/unstatistik, Stand 06.01.2021.

[2] de.statista.com/statistik/lexikon/definition/8/luegen_mit_statistiken, Stand 06.01.2021.

geht und wo sie an ihre Grenzen stößt. Um es vorweg zu nehmen: die Grenzen sind sehr weit und liegen außerhalb dessen, was man in der Schule und in den Stochastik-Einführungskursen an der Universität macht. Im Ergebnis erhält man so eine Darstellung von Grundlagen der Stochastik mithilfe relativer Anteile, was nicht nur einfacher, sondern auch umfassender als die Darstellung mit Zufall und Wahrscheinlichkeit ist.

Das *essential* wendet sich an alle Studierenden, die in der Stochastik nicht nur „Kochrezepte" anwenden, sondern auch Grundlagen kennenlernen und verstehen wollen. Aber auch Lehrende der Stochastik an Schule und Hochschule, die gerne mal Gewohntes infrage stellen und andere Sichtweisen bereichernd finden, werden sicherlich Neues entdecken. Dabei werden lediglich im letzten Abschnitt einige wenige Grundkenntnisse der Stochastik benötigt. Mein *essential* über Wahrscheinlichkeit (Stegen, 2020) ist für das Verständnis nicht erforderlich, aber zur Vertiefung hilfreich.

Lasst uns also auf eine spannende Reise zu den Grundlagen der Stochastik aufbrechen – einfach formuliert, mit vielen Beispielen und (fast) ohne Zufall und Wahrscheinlichkeit.

Kommentare gerne an ruediger.stegen@t-online.de.

Inhaltsverzeichnis

1 Einleitung

Die Wahrscheinlichkeitsrechnung hat ihre historischen Ursprünge in der Analyse von Glücksspielen im 17. Jahrhundert. Daraus entwickelte sich eine mathematische Theorie, deren Grundlage heute die Kolmogoroffschen Axiome sind. Dabei betonte Kolmogoroff bereits zu Beginn seiner bahnbrechenden Arbeit, dass die Begriffe Zufall und Wahrscheinlichkeit in seinen Axiomen im Allgemeinen nichts mit der anwendungsbezogenen Bedeutung dieser Begriffe zu tun haben (Kolmogoroff 1933, S. 1).

Im essential starten wir beim Allgemeinen und widmen uns erst zum Schluss dem Sonderfall, bei dem Zufall und Wahrscheinlichkeit eine Rolle spielen. Konkret heißt das:

- Grundlegendes, wie die Kolmogoroffschen Axiome, der Erwartungswert, die bedingte Wahrscheinlichkeit, die stochastische Unabhängigkeit, der Satz von Bayes oder der Satz von der totalen Wahrscheinlichkeit werden einschließlich einfacher praktischer Beispiele so formuliert, dass die Begriffe Zufall, Wahrscheinlichkeit und Ereignis nicht vorkommen.

Jetzt stellen sich natürlich die Fragen: wenn Zufall und Wahrscheinlichkeit nicht zu den Grundlagen der Stochastik gehören, was gehört denn stattdessen dazu? Von was genau ist die Wahrscheinlichkeit nur ein Anwendungsbeispiel? Und wie sieht sie denn nun konkret aus, diese „Stochastik ohne Zufall und Wahrscheinlichkeit"? Die Antwort ist im Untertitel des essentials zu finden, aber dazu bedarf es einiger Vorbereitungen.

R. Stegen, *Stochastik ohne Zufall und Wahrscheinlichkeit*, essentials,
https://doi.org/10.1007/978-3-658-33779-7_1

In Kap. 2 starten wir mit einigen Grundlagen und betrachten dabei zunächst das ungewichtete und gewichtete arithmetische Mittel. Dann widmen wir uns der Additivität und zeigen, dass 1 plus 1 nicht unbedingt 2 ergeben muss.

Die Ergebnisse nutzen wir dann in Kap. 3 bei den relativen Anteilen, für die drei Regeln hergeleitet werden.

> Die drei Regeln für relative Anteile sehen formal wie die Kolmogoroffschen Axiome aus, haben aber nichts mit Wahrscheinlichkeit, Zufall oder Ereignissen zu tun.

Anschließend wird gezeigt, dass auch das gewichtete arithmetische Mittel mehrerer relativer Anteile den drei Regeln gehorcht, obwohl es im Allgemeinen nicht als relativer Anteil interpretierbar ist.

Danach befassen wir uns mit bedingten relativen Anteilen, bei denen man sich auf relative Anteile innerhalb von Teilbereichen beschränkt. Ein besonders wichtiges und einfaches Beispiel für relative Anteile sind relative Häufigkeiten, wobei gezeigt wird, dass viele relative Anteile in relative Häufigkeiten umgewandelt, also durch Abzählen bestimmt werden können – eine Spielart der Digitalisierung.

In Kap. 4 untersuchen wir Anwendungsbeispiele, bei denen relative Anteile genutzt werden, um etwas quantitativ zu bewerten. Dabei wird das, was allgemein für relative Anteile hergeleitet wurde, für die Anwendungsbeispiele Freude, Macht und Wahrscheinlichkeit konkretisiert. Will man Freude oder Macht durch einen Index ausdrücken, so kann man dazu in bestimmten Fällen relative Anteile nutzen. Ganz ähnlich ist es bei Wahrscheinlichkeiten, die ebenfalls in bestimmten Fällen durch relative Anteile quantifiziert werden können. Insbesondere lassen sich die typischen Wahrscheinlichkeitsaufgaben in Schule und Hochschule auf relative Anteile zurückführen.

> Die geschilderte Vorgehensweise hat zwei wesentliche Vorteile. Zum einen sind relative Anteile viel anschaulicher und damit einfacher zu verstehen als Wahrscheinlichkeiten. Zum anderen erhält man ein allgemeineres und tieferes Verständnis der Stochastik, als wenn man nur auf das Anwendungsbeispiel Wahrscheinlichkeit fixiert wäre.

Grundlagen

2

2.1 Arithmetisches Mittel

Mittelwerte sind wichtige Größen in der Statistik. Sie dienen häufig dazu, um einen ersten Eindruck über die grobe Lage von Beobachtungswerten zu erhalten oder um ähnliche Statistiken, wie z. B. Arbeitslosenstatistiken mehrerer Länder oder Zeiträume, miteinander vergleichen zu können.

Dazu ein sprachlicher Hinweis:

Statistik

Das Wort „Statistik“ hat zwei Bedeutungen: zum einen ist damit die Wissenschaft Statistik gemeint (DIE Statistik, englisch „statistics“), zum anderen bezeichnet man damit auch eine Darstellung von Daten als Tabelle oder Diagramm (EINE Statistik, englisch „statistic“). Die zweite Bedeutung verbindet man auch mit dem bekannten Spruch „Traue keiner Statistik, die du nicht selbst gefälscht hast“.

Zunächst starten wir mit dem ungewichteten arithmetischen Mittel.

Wie das Wort „Mittel“ bereits suggeriert, wird damit ein Wert, der in der Mitte liegt, bezeichnet. Hat man also zwei Werte, so hat die Mitte die Eigenschaft, dass der Abstand nach links genauso groß ist wie der Abstand nach rechts. Ist allgemein $x_1 \leq x_2$ und $\overline{x}$ die Mitte dieser beiden Zahlen, so ist

$$\overline{x} - x_1 = x_2 - \overline{x} \Leftrightarrow (\overline{x} - x_1) + (\overline{x} - x_2) = 0$$

Die rechte Formel hat den großen Vorteil, dass sie unmittelbar auf beliebig viele Werte verallgemeinert werden kann. Das arithmetische Mittel $\overline{x}$ der Zahlen $x_1, \ldots, x_n$ ist dann die Zahl, die die Gleichung

R. Stegen, *Stochastik ohne Zufall und Wahrscheinlichkeit*, essentials,
https://doi.org/10.1007/978-3-658-33779-7_2

$$(\overline{x} - x_1) + \ldots + (\overline{x} - x_n) = 0$$

erfüllt. Löst man diese Gleichung nach $\overline{x}$ auf, so ergibt sich:

$$(\overline{x} + \ldots + \overline{x}) - (x_1 + \ldots + x_n) = 0$$

$$\Leftrightarrow \quad n \cdot \overline{x} = x_1 + \ldots + x_n$$

$$\Leftrightarrow \quad \overline{x} = \frac{x_1 + \ldots + x_n}{n}$$

► **Arithmetisches Mittel** Das arithmetische Mittel der Zahlen $x_1, \ldots, x_n$ ist

$$\overline{x} = \frac{x_1 + \ldots + x_n}{n}$$

Anschaulich kann man auch folgendermaßen vorgehen:
Hat man mehr als zwei Werte, so ist als Verallgemeinerung naheliegend, dass die Mitte die Eigenschaft hat, dass die Summe der Abstände nach links genauso groß ist wie die Summe der Abstände nach rechts. Sind die x_i aufsteigend sortiert, so gibt es einen Index j, sodass die Mitte $\overline{x}$ zwischen x_j und x_{j+1} liegt, also:

$$x_1 \leq \ldots \leq x_j \leq \overline{x} \leq x_{j+1} \leq \ldots \leq x_n.$$

Die Abstände nach links sind

$$\overline{x} - x_i \text{ mit } i = 1, \ldots, j$$

und die Abstände nach rechts sind

$$x_i - \overline{x} \text{ mit } i = j + 1, \ldots, n.$$

Übersetzt man „Summe der Abstände nach links = Summe der Abstände nach rechts" ins Mathematische, so ergibt sich mit diesem j:

$$(\overline{x} - x_1) + \ldots + \left(\overline{x} - x_j\right) = \left(x_{j+1} - \overline{x}\right) + \ldots + (x_n - \overline{x})$$

Bringt man wieder alles auf die linke Seite, so erhält man

$$(\overline{x} - x_1) + \ldots + (\overline{x} - x_j) + (\overline{x} - x_{j+1}) + \ldots + (\overline{x} - x_n) = 0$$

oder kurz

$$(\overline{x} - x_1) + \ldots + (\overline{x} - x_n) = 0$$

und das ist genau die Formel, die wir oben auf anderem Wege auch schon hergeleitet hatten.

Beispiel

Das arithmetische Mittel der Zahlen 2, 3, 5, 8, 12 ist die Zahl 6, denn die Summe der Abstände nach links und rechts ist gleich:

$$(\mathbf{6} - 2) + (\mathbf{6} - 3) + (\mathbf{6} - 5) = 8 = (8 - \mathbf{6}) + (12 - \mathbf{6})$$

Bringt man alles auf eine Seite, so ergibt sich 0:

$$(6 - 2) + (6 - 3) + (6 - 5) + (6 - 8) + (6 - 12) = 0$$

Am einfachsten berechnet man $\overline{x}$ mit der Formel

$$\overline{x} = \frac{2 + 3 + 5 + 8 + 12}{5} = 6$$

◀

Auf Basis der Gleichung

$$n \cdot \overline{x} = x_1 + \ldots + x_n \quad \Leftrightarrow \quad \overline{x} + \ldots + \overline{x} = x_1 + \ldots + x_n$$

kann man das arithmetische Mittel auch folgendermaßen interpretieren:
Statt die n Werte $x_1, \ldots, x_n$ zu addieren, kann man auch n-mal das arithmetische Mittel $\overline{x}$ addieren. (Anmerkung: und wenn man multipliziert statt addiert, dann erhält man das geometrische Mittel – aber das brauchen wir hier nicht).

Tab. 2.1 Surfdauer im Internet

Zeit t in Stunden	Intervallmitte	Anzahl Personen
$0 \leq t < 3$	1,5	20
$3 \leq t < 6$	4,5	40
$6 \leq t < 12$	9	30
$12 \leq t \leq 24$	18	10

Beispiel

Man wählt 100 infizierte Personen aus und stellt fest, dass die Summe der durch diese Personen in den letzten sieben Tagen angesteckten anderen Personen 110 ist. Rechnerisch könnte man also sagen, dass jede der 100 infektiösen Personen im Mittel (oder: im Durchschnitt) 1,1 Personen angesteckt hat. An diesem Beispiel sieht man auch, dass der Mittelwert eine rechnerische Größe ist, die in der Realität so nicht vorkommen muss.◄

Beispiel

Das arithmetische Mittel ist auch juristisch wichtig. Gemäß Fertigpackungsverordnung § 22, Absatz (1), gilt, dass die einzelnen Fertigpackungen die deklarierte Füllmenge im Mittel nicht unterschreiten dürfen[1]. Die Details zu der konkreten praktischen Umsetzung sparen wir uns aber lieber.◄

Manchmal kennt man die genauen Werte x_i nicht, sondern nur Intervalle, in denen diese Werte liegen.

Beispiel

Es werden 100 Personen gefragt, wie lange sie gestern im Internet gesurft haben. Dabei werden nur Intervalle als mögliche Antworten vorgegeben. Die Ergebnisse sind in Tab. 2.1 zusammengestellt.

Da man für die einzelnen Zeiten keine exakten Zahlen, sondern nur Intervalle kennt, kann man logischerweise für daraus abgeleitete Werte auch keine exakten Zahlen, sondern nur Intervalle angeben.

Die Untergrenze des Intervalls für $\overline{x}$ erhält man, indem man annimmt, dass alle Einzelwerte am jeweiligen unteren Rand des Intervalls liegen. Dieser Extremfall ist praktisch möglich, aber auch eine Grenze, denn weniger

[1] www.gesetze-im-internet.de/bundesrecht/fertigpackv_1981/gesamt.pdf, Stand 06.01.2021.

geht nicht. Das arithmetische Mittel dieser Werte ist dann eine unverbesserbare Untergrenze für $\overline{x}$. Analog bildet man die unverbesserbare Obergrenze für $\overline{x}$, also

$$\text{Untergrenze: } \frac{(0+\ldots+0)+(3+\ldots+3)+(6+\ldots+6)+(12+\ldots+12)}{100}$$
$$=\frac{20\cdot 0+40\cdot 3+30\cdot 6+10\cdot 12}{100}=4{,}2$$

$$\text{Obergrenze: } \frac{(3+\ldots+3)+(6+\ldots+6)+(12+\ldots+12)+(24+\ldots+24)}{100}$$
$$=\frac{20\cdot 3+40\cdot 6+30\cdot 12+10\cdot 24}{100}=9$$

.

Das unverbesserbare Intervall für $\overline{x}$ ist also:

$$4{,}2 \leq \overline{x} < 9$$

Die Mitte des Intervalls ist 6,6, sodass man auch etwas ungenauer schreiben kann:

$\overline{x} \approx 6{,}6$; der Fehler kann maximal $\pm 2{,}4$ sein.◀

Den Wert $\overline{x} \approx 6{,}6$ erhält man auch, wenn man in jedem Intervall näherungsweise die Intervallmitte nimmt:

$$\overline{x} \approx \frac{20\cdot 1{,}5+40\cdot 4{,}5+30\cdot 9+10\cdot 18}{100}=6{,}6$$

Das Problem bei dieser Methode ist aber, dass man den Fehler nicht kennt. Die Angabe des maximal möglichen Fehlers bei $\overline{x} \approx 6{,}6$ ist aber erforderlich, weil man sonst nicht weiß, was damit gemeint ist. Wenn man z. B. $\pi \approx 3{,}14$ schreibt, dann meint man, dass $3{,}13 < \pi < 3{,}15$ sein muss, da der Wert für π durch ein entsprechendes Näherungsverfahren berechnet wurde und man sich sicher ist, dass die ersten beiden Nachkommastellen (gerundet) korrekt sind. Aber wie ist das bei $\overline{x} \approx 6{,}6$? Es folgt jedenfalls nicht analog zu π, dass $6{,}5 < \overline{x} < 6{,}7$ sein muss. Stattdessen wäre grundsätzlich jede beliebige Zahl für das tatsächliche $\overline{x}$ möglich. Der Wert $\overline{x} \approx 6{,}6$ ohne Angabe des maximal möglichen Fehlers ist also praktisch nicht nutzbar.

Beispiel

In Tab. 2.2 ist ein Auszug aus „Statistisches Jahrbuch Deutschland und Internationales, 2019. Wiesbaden, Abschn 9.6.3“[2] des statistischen Bundesamtes dargestellt. Die ersten drei Spalten sind dem Jahrbuch direkt entnommen, während die Spalten 4 und 5 folgendermaßen errechnet wurden:

$$\text{„Spalte4“} = \text{„Mitte Spalte1“} \cdot \text{„Spalte2“}$$

$$\text{„Spalte 5“} = \left(\frac{\text{„Spalte 4“}}{\text{„Spalte 3“}} - 1\right) \cdot 100\ \%$$

Ersetzt man also die tatsächlichen Einkünfte in jedem Intervall in Spalte 1 durch die jeweilige Intervallmitte und errechnet den Gesamtbetrag, so erhält man Spalte 4. Wie man an Spalte 5 sieht, sind die prozentualen Abweichungen des errechneten vom tatsächlichen Gesamtbetrag in manchen Zeilen gering und in manchen Zeilen erheblich.◄

Auch dieses Beispiel zeigt, dass es reine Glückssache ist, ob die Näherung durch die Intervallmitten gut ist oder nicht. Und da sind wir wieder bei der Bedeutung von Stochastik als „Kunst des Ratens“, was man bei seriöser Stochastik natürlich nicht anwendet.

Wir kommen nun zu einer wichtigen Verallgemeinerung des arithmetischen Mittels.

Manchmal ist es sinnvoll, einzelne Beobachtungswerte zu gewichten, um den Werten einen unterschiedlichen Einfluss auf den Mittelwert zu geben. Das wird z. B. bei der Durchschnittsnote des Abiturs so gemacht, um die Bewertung von Leistungskursen stärker einfließen zu lassen.

Beispiel

In Tab. 2.3 sind die Ergebnisse beim 90-maligen Würfeln aufgelistet. Das arithmetische Mittel der gewürfelten Augenzahlen ist:

$$\overline{x} = \frac{18 \cdot 1 + 14 \cdot 2 + 17 \cdot 3 + 12 \cdot 4 + 13 \cdot 5 + 16 \cdot 6}{90} = 3{,}4$$

.

[2] https://www.statistischebibliothek.de/mir/servlets/MCRFileNodeServlet/DEAusgabe_derivate_00001709/StatistischesJahrbuch2019_Korr15102020.pdf, Stand 06.01.2021.

Tab. 2.2 Einkünfte

1. Gesamtbetrag der Einkünfte von … bis unter … €	2. Steuerpflichtige (Anzahl)	3. Tatsächlicher Gesamtbetrag (1000 €)	4. Errechneter Gesamtbetrag (1000 €)	5. Abweichung Spalte 4 von Spalte 3
0–7500	7.517.963	17.906.784	28.192.361	+57,4 %
7500–15.000	4.941.934	56.209.266	55.596.757	−1,1 %
15.000–25.000	6.690.138	133.272.817	133.802.760	+0,4 %
25.000–50.000	12.033.448	432.264.597	451.254.300	+4,4 %
50.000–100.000	6.954.766	473.801.090	521.607.450	+10,1 %
100.000–250.000	1.968.380	272.745.562	344.466.500	+26,3 %

Tab. 2.3 Würfeln

Augenzahl	Anzahl	Relativer Anteil
$x_1 = 1$	18	$c_1 = \frac{18}{90}$
$x_2 = 2$	14	$c_2 = \frac{14}{90}$
$x_3 = 3$	17	$c_3 = \frac{17}{90}$
$x_4 = 4$	12	$c_4 = \frac{12}{90}$
$x_5 = 5$	13	$c_5 = \frac{13}{90}$
$x_6 = 6$	16	$c_6 = \frac{16}{90}$

Verteilt man den Nenner auf jeden Summanden, so ergibt sich:

$$\overline{x} = \frac{18}{90} \cdot 1 + \frac{14}{90} \cdot 2 + \frac{17}{90} \cdot 3 + \frac{12}{90} \cdot 4 + \frac{13}{90} \cdot 5 + \frac{16}{90} \cdot 6 = 3{,}4$$

.

Für die relativen Anteile gilt:

$$c_1 + \ldots + c_6 = \frac{18}{90} + \ldots + \frac{16}{90} = 1$$

◄

Das Beispiel zeigt: das arithmetische Mittel der Werte x_i erhält man, indem man die einzelnen Werte gemäß ihrem relativen Anteil c_i gewichtet und dann addiert. Das kann man verallgemeinern zu:

► **Gewichtetes arithmetisches Mittel** Hat man n Zahlen x_i und $c_i \geq 0$ mit
$c_1 + \ldots + c_n = 1$,
so ist das gewichtete arithmetische Mittel $\overline{x}_W$ der Zahlen x_i mit den Gewichten c_i:

$$\overline{x}_W = c_1 \cdot x_1 + \ldots + c_n \cdot x_n$$

Wichtig ist, dass in dieser Definition nichts dazu ausgesagt wird, woher die c_i kommen.

Durch die Bedingungen an die c_i wird auch erreicht, dass das gewichtete arithmetische Mittel lauter gleicher Werte $x_1 = \ldots = x_n$ auch gleich diesem Wert ist:

$$\overline{x}_W = c_1 \cdot x_1 + \ldots + c_n \cdot x_n = c_1 \cdot x_1 + \ldots + c_n \cdot x_1 = (c_1 + \ldots + c_n) \cdot x_1 = x_1$$

also

$$\overline{x}_W = x_1 = \ldots = x_n$$

Alles andere wäre auch nicht besonders schlau.

Dazu ein sprachlicher Hinweis:

Gewichtet, gewogen, gewiegt

„gewichtet" kommt von „gewichten"[3], „gewogen" kommt von „wiegen (starkes Verb)"[4] und „gewiegt" kommt von „wiegen (schwaches Verb)"[5]. Es geht also um das gewichtete, nicht um das gewogene oder das gewiegte arithmetische Mittel – auch wenn man manchmal etwas anderes liest.

Ein in der Stochastik wichtiger Sonderfall des gewichteten arithmetischen Mittels ist das erwartete gewichtete arithmetische Mittel, kurz: der **Erwartungswert.** Wir hatten gesehen, dass das gewichtete arithmetische Mittel der Würfelergebnisse in Tab. 2.3 gleich 3,4 ist. Glaubt man nun, dass die relativen Häufigkeiten der einzelnen Augenzahlen auch in anderen Versuchsreihen so sein werden, so ergibt sich als der Erwartungswert der Augenzahlen in diesen Versuchsreihen ebenfalls der Wert 3,4. Man kann dann auch etwas salopp formulieren: „ich erwarte, dass im Durchschnitt eine 3,4 gewürfelt wird" (wobei sich dieser Durchschnitt natürlich auch durch andere Häufigkeiten der Augenzahlen ergeben kann). Glaubt man dagegen, dass man aus Symmetriegründen bei jeder Augenzahl dasselbe Gewicht $\frac{1}{6}$ nehmen sollte, so erhält man den Erwartungswert 3,5. Abhängig davon, was man für plausibel hält, kann es also bei derselben Fragestellung verschiedene Erwartungswerte geben (und wenn man will, kann man in Analogie zu Abschn. 3.2 auch das gewichtete arithmetische Mittel von 3,4 und 3,5 als Erwartungswert nehmen).

Im Würfelbeispiel in Tab. 2.3 waren die Gewichte dynamisch, denn bei der nächsten Versuchsreihe können ganz andere Häufigkeiten der Augenzahlen auftreten. Oft hat man aber auch vorgegebene feste Gewichte, wie zum Beispiel bei vielen Bewertungen.

---

[3] www.duden.de/rechtschreibung/gewichten, Stand 06.01.2021.

[4] www.duden.de/rechtschreibung/wiegen_ein_Gewicht_haben_feststellen, Stand 06.01.2021.

[5] www.duden.de/rechtschreibung/wiegen_schaukeln_zerkleinern_aufrauen, Stand 06.01.2021.

Bewertungen dienen dazu, Objekte bezüglich einer bestimmten Eigenschaft einzuschätzen, um daraus Maßnahmen oder Rangordnungen ableiten zu können. Bewertungen kann man unterschiedlich genau ausdrücken. Manche Bewertungen werden nur durch quantifizierende Worte wie groß / klein oder durch qualifizierende Worte wie gut / empfehlenswert / ungenügend beschrieben. Etwas detaillierter sind Bewertungen der Bonität von Unternehmen oder Staaten mit Zeichenkombinationen, das sogenannte Rating. Die Ratingagenturen verwenden unterschiedliche Verfahren und kommen so zu Bewertungen wie AA- (Bewertung durch Standard & Poor‘s) oder Baa2 (Bewertung durch Moody's Corporation).

Da wir aber Mathematik machen wollen, beschränken wir uns auf zahlenmäßige Bewertungen, die häufig durch Noten, Punkte oder Indices beschrieben werden. Der Vorteil bei der Verwendung von Zahlen ist, dass man sehr differenziert bewerten und mit den Ergebnissen rechnen kann. Der Nachteil ist, dass durch die Verwendung von Zahlen eine Genauigkeit und Objektivität suggeriert wird, die in der Regel nicht gegeben ist. Es ist also Vorsicht bei der praktischen Interpretation geboten.

Im folgenden Beispiel betrachten wir zwei verschiedene Bewertungsverfahren zu derselben Fragestellung.

Beispiel

Ein Smartphone X wird gemäß Tab. 2.4 auf zwei Arten bewertet.

Bewertet man mit Noten (so macht es z. B. Stiftung Warentest), so ergibt sich als Durchschnittsnote:

$$25\,\% \cdot 1{,}8 + 25\,\% \cdot 1{,}2 + 15\,\% \cdot 2{,}3 + 20\,\% \cdot 1{,}7 + 15\,\% \cdot 1{,}7 = 1{,}69 \approx 1{,}7$$

Tab. 2.4 Bewertungen von Smartphones

Kriterium	Gewichtung	Note von X	Ungewichtete Punkte von X	Gewichtete Punkte von X
Internet	25 %	1,8	84	21
Kamera	25 %	1,2	96	24
Telefon	15 %	2,3	74	11
Handhabung	20 %	1,7	86	17
Ausdauer	15 %	1,7	86	13

Bewertet man mit (ungewichteten) Punkten – wobei bei jedem Kriterium maximal 100 Punkte erreicht werden können – so ergibt sich als Durchschnittspunktzahl:

$$25\,\% \cdot 84 + 25\,\% \cdot 96 + 15\,\% \cdot 74 + 20\,\% \cdot 86 + 15\,\% \cdot 86 = 86{,}2 \approx 86$$

Stattdessen kann man die Gewichtung auch gleich in die jeweilige Höchstpunktzahl von 100 Punkten einrechnen (so macht man es z. B. bei Klausuren), sodass z. B. beim Kriterium Internet maximal 25 Punkte erreicht werden können. Das Ergebnis ist (bis auf Rundungsdifferenzen) dasselbe:

$$21 + 24 + 11 + 17 + 13 = 86$$

◀

Die Gewichte beim gewichteten arithmetischen Mittel drücken die Relevanz der einzelnen Werte oder Kriterien für die Gesamtergebnis aus. Beim Würfelbeispiel in Tab. 2.3 wurden die Gewichte objektiv durch Abzählen berechnet, während sie im Smartphone-Beispiel in Tab. 2.4 die Einschätzung des Bewertenden ausdrücken, also auch subjektiv sind.

2.2 Additivität

Additivität ist das, was wir schon als Kinder gelernt haben:

3 Äpfel + 4 Äpfel = 7 Äpfel.

Die Anzahl von irgendwelchen Objekten ist additiv.

Das funktioniert aber nur dann so problemlos, wenn sich die einzelnen Objekte nicht gegenseitig beeinflussen. Berühren sich z. B. zwei Regentropfen, so bilden sie einen großen Regentropfen, also.

1 Regentropfen + 1 Regentropfen = 1 (großer) Regentropfen.

Die Anzahl von Regentropfen ist also nur unter bestimmten Bedingungen additiv.

Dazu schauen wir uns einige Beispiele etwas näher an.

Beispiel

Die einfache Gleichung

$$3€ + 4€ = 7€$$

stimmt, wenn es z. B. um Euro-Münzen geht. Wenn damit aber Preise gemeint sind, dann ist Vorsicht geboten. Bei manchen Bäckern gibt es z. B. die verbilligte Wochenendtüte mit 10 Brötchen. Kosten fünf einfache Brötchen 3 € und fünf Bio-Brötchen 4 €, so kostet eine Wochenendtüte mit diesen zehn Brötchen wegen des Mengenrabatts nur 6,50 €, also symbolisch

$$„3€ + 4€ = 6{,}50€“$$

Ehe wir jetzt beginnen, an den einfachsten Rechenregeln der Grundschule zu (ver)zweifeln, versuchen wir mal, mathematisch präziser zu formulieren. Es sei

A Menge von 5 einfachen Brötchen
B Menge von 5 Bio-Brötchen
P Preis
R Rabatt (im Beispiel: 0,50 €)

Dann ist

$A \cup B$ eine Wochenendtüte

und es ergibt sich für den Preis:

$$P(A \cup B) = P(A) + P(B) - R$$

Der Preis ist also nur dann additiv, wenn es keinen Rabatt gibt, wenn also $R = 0$ € ist. Das ist in der Regel beim ganz normalen Einkauf im Supermarkt der Fall, bei dem einfach die Einzelpreise ohne irgendwelche Abschläge addiert werden.◀

Beispiel

Kippt man 1 L Wasser und 1 L Wasser zusammen in einen Eimer, so hat man insgesamt 2 L Wasser. Das Volumen ist in diesem Fall also additiv.

Anders kann es aussehen, wenn es sich um verschiedene Flüssigkeiten handelt, weil dann die Effekte Volumenkontraktion oder -dilatation auftreten können. Im ersten Fall ist das Gesamtvolumen geringer, im zweiten Fall größer als die Summe der Einzelvolumina. Ursache sind Wechselwirkungen zwischen den beteiligten Flüssigkeiten.◀

In Hinsicht auf Kap. 3 ist besonders das folgende Beispiel wichtig.

Beispiel

Das Eigentum an einem Gebiet von 100 ha ist auf zwei Personen aufgeteilt. Jede Person behauptet, dass ihr 60 ha gehören, was daran liegt, dass die Eigentumsrechte an 20 ha strittig sind. Ist

A Gebiet, das von der einen Person beansprucht wird
B Gebiet, das von der anderen Person beansprucht wird

so folgt

$A \cup B$ gesamtes Gebiet
$A \cap B$ Gebiet, das von beiden Personen beansprucht wird

Für den Flächeninhalt F gilt dann

$$F(A \cup B) = F(A) + F(B) - F(A \cap B)$$

oder in Zahlen

$$100 = 60 + 60 - 20[\text{ha}]$$

Bei einer salomonischen Lösung des Streites würde das strittige Gebiet gleichmäßig aufgeteilt, also

$$A' \cap B' = \emptyset \quad \text{und} \quad F(A') = F(B') = 50\ [\text{ha}]$$

und somit

$$F(A' \cup B') = F(A') + F(B')$$

◀

3 Relative Anteile

3.1 Die drei Regeln

Relative Anteile kamen bereits in Tab. 2.3 vor, jetzt sollen sie aber allgemein betrachtet werden. Dazu packen wir das Thema zunächst ganz intuitiv an.

Beispiel

A und B seien beliebige Teilgebiete von Deutschland (D), F sei der Flächeninhalt und f der relative Flächenanteil, also

$$f(A) = \frac{F(A)}{F(D)}$$

Dann gelten die drei folgenden Regeln für f:

1. Der relative Flächenanteil von Deutschland ist $f(D) = 1 = 100\ \%$.
2. Für jedes Teilgebiet A von Deutschland ist $f(A) \geq 0 = 0\ \%$.
3. Überlappen sich A und B nicht, so gilt

$$F(A \cup B) = F(A) + F(B),$$

wie wir bereits in Abschn. 2.2 gesehen hatten. Dividiert man diese Gleichung durch F(D), so erhält man für die relativen Flächenanteile:

$$f(A \cup B) = f(A) + f(B)$$

R. Stegen, *Stochastik ohne Zufall und Wahrscheinlichkeit*, essentials,
https://doi.org/10.1007/978-3-658-33779-7_3

Der relative Flächenanteil ist also additiv.◀

Da man nur mit einer bestimmten Genauigkeit messen kann, sind die Mengen A und B in der Praxis immer endlich (siehe auch Abschn. 3.4). Auf dieser Basis kann man jetzt allgemein formulieren:

▶ **Die drei Regeln für den (axiomatischen) relativen Anteil** E sei eine endliche Menge. P heißt **relativer Anteil** (P für lateinisch „pars" oder englisch „part"), wenn folgende **drei Regeln** gelten

1. $P(E) = 1$
2. Für alle Teilmengen $A \subset E$ gilt: $P(A) \geq 0$
3. Für alle Teilmengen $A, B \subset E$ mit $A \cap B = \emptyset$ gilt die Additivität:

$$P(A \cup B) = P(A) + P(B)$$

Diese abstrakte, axiomatische Definition betrachten wir jetzt in drei konkreten, praktischen Zusammenhängen: verhältnisskalierte Größen, Gewichte beim arithmetischen Mittel und „alternative relative Anteile". Im nächsten Abschnitt kommt dann eine vierte Variante hinzu.

Wenden wir uns zunächst verhältnisskalierten Größen zu. Man hat dabei Objekte mit einem Merkmal, dem sinnvoll Zahlen mit oder ohne Maßeinheit zugeordnet werden können, wobei es einen absoluten Nullpunkt gibt und Quotienten dieser Zahlen sinnvoll sind. Dazu einige Beispiele und Gegenbeispiele.

Kein absoluter Nullpunkt, kein sinnvoller Quotient

Bei (Schul-)Noten gibt es keinen absoluten Nullpunkt und Quotienten aus den Werten sind auch nicht sinnvoll. Bewertet man z. B. die Qualität eines Autos mit Note 2 und die Qualität des Motors mit Note 3, so kann man hier keinen sinnvollen relativen Anteil bilden, obwohl der Motor ein Teil des Autos ist. Ganz ähnlich ist es bei den Noten in Tab. 2.4.◀

Kein absoluter Nullpunkt, sinnvoller Quotient

Beim Kontostand gibt es keinen absoluten Nullpunkt, aber Aussagen wie „ich habe doppelt so viel Guthaben / Schulden wie du" sind sinnvoll. Aus „ich habe doppelt so viel Guthaben wie du Schulden hast" kann man schließen, dass ich dem anderen aus der Patsche helfen kann, ohne mich zu verschulden.◀

Absoluter Nullpunkt, kein sinnvoller Quotient

Bei der vom Menschen wahrgenommenen Lautstärke gibt es zwar einen absoluten Nullpunkt, nämliche die absolute Stille, aber die doppelte Lautstärke von 50 dB sind nicht 100 dB, sondern 60 dB. Und ganz ähnlich ist es bei der Magnitude, die die Stärke eines Erdbebens angibt. Das liegt in beiden Fällen daran, dass nicht eine lineare, sondern eine logarithmische Skala zugrunde liegt, sodass die Verdoppelung der betrachteten Größe durch die Addition eines bestimmten Wertes ausgedrückt wird. Grundlage ist die aus der Schule bekannte Formel

$$\log_b(2x) = \log_b(x) + \log_b(2)$$

mit einer geeigneten Basis b.◀

Für die folgenden Beispiele brauchen wir den Begriff **„Messung“.** Nach der Norm DIN 1319-1 (1995, Nr. 2.1) bedeutet das, das man mit einer zugrunde liegenden Maßeinheit vergleicht. Messungen sind im Rahmen der Messgenauigkeit objektiv und werden zumindest bei physikalischen Größen durch internationale Normen definiert und durch Messgeräte unterstützt.

Absoluter Nullpunkt, sinnvoller Quotient; Messung

Bei Messungen wie Länge, Masse, Zeitdauer, Kosten oder Anzahl gibt es nicht nur einen absoluten Nullpunkt, sondern der Quotient drückt wirklich die Beziehung von zwei Größen sinnvoll aus: 10 m sind das Doppelte von 5 m, 10 kg sind das Doppelte von 5 kg und ganz analog ist es auch bei Einheiten wie sec, € oder Stück.◀

Absoluter Nullpunkt, sinnvoller Quotient; keine Messung

Ein Beispiel für eine verhältnisskalierte Größe, die nicht auf Messungen beruht, ist die Bewertung mit Punkten wie in Tab. 2.4 oder bei Klausuren. Es ist z. B. sinnvoll zu sagen, dass in einer Klausur 35 von 50 möglichen Punkten, also 70 %, erreicht wurden. Punkte können bei Klausuraufgaben den Schwierigkeitsgrad und Umfang ausdrücken, sodass eine Aufgabe mit 10 Punkten doppelt so schwierig bzw. umfangreich ist wie eine Aufgabe mit 5 Punkten. Leider ist die Einheit „1 Punkt“ im Allgemeinen nicht klar definiert. Außerdem gibt es keine Norm, kein Messgerät und keinen allgemein anerkannten

Algorithmus, um Schwierigkeitsgrade festzustellen. Und bei der Korrektur der Klausur werden die Punkte danach vergeben, wie weit die Aufgabe gelöst worden ist, was keine Messung, sondern eine Einschätzung auf Basis von objektiven und subjektiven Bewertungskriterien ist.◀

Bei verhältnisskalierten Merkmalen kann man gemäß Definition sinnvoll relative Anteile bilden. Das folgende Beispiel zeigt, wie man das verallgemeinern kann.

Beispiel

In einem Geldbeutel E befinden sich je ein 10 €-, 20 €-, 50 €-Schein und sonst nichts. Ferner sei

$$E = \{10\,€, 20\,€, 50\,€\}$$

P = relativer Wertanteil bezogen auf die Gesamtsumme von 80 €

Die Regeln 1 und 2 aus der Definition des relativen Anteils sind offenbar erfüllt und die Additivität auch, z. B.:

$$P(\{10\,€, 20\,€\}) = P(\{10\,€\}) + P(\{20\,€\})$$

oder in Zahlen:

$$\frac{10\,€ + 20\,€}{80\,€} = \frac{10\,€}{80\,€} + \frac{20\,€}{80\,€}$$

Würde man stattdessen
P = relativer Wertanteil bezogen auf 20 €
wählen, so wären zwar die Regeln (2) und (3) erfüllt, nicht aber Regel (1):

$$P(E) = \frac{80\,€}{20\,€} = 400\,\%$$

Nun sind Prozentzahlen über 100 % nichts Ungewöhnliches, sodass eine solche Festlegung von P durchaus sinnvoll sein kann. P ist dann aber kein relativer Anteil im Sinne der obigen Definition mehr, sondern müsste mit einem allgemeineren Begriff wie „relative Größe“ bezeichnet werden.◀

Allgemein gilt also:

Es sei E eine Menge (das ist das „Ganze“) und A eine Teilmenge von E, für die ein verhältnisskaliertes Merkmal m definiert ist. Der relative Anteil von A bezogen auf E in Hinsicht auf das Merkmal m ist dann

$$P(A) = \frac{m(A)}{m(E)}.$$

Beispiel

Die Fläche Deutschlands beträgt $m_1(D) = 357.111 \text{ km}^2$, während Niedersachsen $m_1(N) = 47.710 \text{ km}^2$ groß ist. Der relative Anteil der Fläche Niedersachsens an der Fläche Deutschlands beträgt somit

$$\frac{m_1(N)}{m_1(D)} = \frac{47.710 \text{ km}^2}{357.111 \text{ km}^2} \approx 0{,}1336 = 13{,}36 \%$$

Im Jahre 2019 betrug die Einwohnerzahl Deutschlands ca. $m_2(D) = 83$ Mio. und die Einwohnerzahl Niedersachsens ca. $m_2(N) = 8$ Mio.. Der relative Anteil der Einwohner Niedersachsens bezogen auf die Einwohner Deutschlands betrug somit ca.

$$\frac{m_2(N)}{m_2(D)} \approx \frac{8 \text{ Mio.}}{83 \text{ Mio.}} \approx 0{,}0964 = 9{,}64 \%$$

◄

Nun könnte man locker ein dickes Buch nur mit Beispielen für relative Anteile bei verhältnisskalierten Merkmalen schreiben. Es gibt relative Zeit-, Anzahl-, Stimmen-, Längen-, Gewichts-, Aktien-, …-anteile, da sind der Fantasie (fast) keine Grenzen gesetzt. Das Prinzip zur Bestimmung eines relativen Anteils ist immer dasselbe, nämlich die Größe eines Teils in eine Beziehung zu einer Gesamtgröße zu setzen.

Es gibt aber auch andere Situationen, in denen relative Anteile wichtig sind, nämlich bei gewichteten arithmetischen Mitteln. Wie wir bereits bei der Bewertung von Smartphones in Tab. 2.4 gesehen haben, müssen die Gewichte nicht Quotienten von Merkmalswerten sein. Schließlich wurden die Gewichte des gewichteten arithmetischen Mittels ganz allgemein definiert und nichts darüber ausgesagt, woher sie kommen. Im Smartphone-Beispiel gilt:

$E = \{\text{Internet}, \ldots, \text{Ausdauer}\}$	ist die Menge der Kriterien,
$P(\{\text{Internet}\}) = 25\,\%, \ldots, P(\{\text{Ausdauer}\}) = 15\,\%$	sind die Gewichte der Kriterien,

wobei die Gewichte nicht Quotienten irgendwelcher Merkmalswerte sind. P bezeichnet offenbar einen relativen Anteil an der Gesamtbewertung und erfüllt auch alle drei Regeln in der axiomatischen Definition.

Das sieht zwar alles sehr mathematisch und damit objektiv aus, aber z. B. bei der Bewertung von Smartphones sind die Auswahl der Kriterien und ihre Gewichtung – also die Einschätzung der Relevanz für das Gesamtergebnis – im Wesentlichen subjektiv. Kritisch ist auch, ob sich die Kriterien wirklich nicht überlappen oder ob es stattdessen verborgene Einflussgrößen gibt, die indirekt mehr als einmal berücksichtigt werden.

Schaut man sich die axiomatische Definition des relativen Anteils an, so könnte man denken, dass man den Spieß auch umdrehen kann: wenn eine Größe P diese drei Regeln erfüllt, dann kann das in der Praxis nur ein relativer Anteil sein – was denn sonst?! Die Frage ist dann nur: was bedeutet das P dabei ganz konkret?

Nehmen wir ein Objekt E, das in die beiden Teile A und B überlappungsfrei zerlegt wird, also

$$E = A \cup B \text{ mit } A \cap B = \emptyset$$

Wählt man für P(A) irgendeine Zahl zwischen 0 und 1, so ist $P(B) = 1 - P(A)$ ebenfalls eine Zahl zwischen 0 und 1 und alle drei Regeln sind erfüllt.

Da P(A) beliebig zwischen 0 und 1 ist, gibt es unendlich viele verschiedene Belegungen für die Werte von P(A) und P(B), die die drei Regeln erfüllen. Es ist aber kaum vorstellbar, dass es in der Praxis zu jeder dieser Belegungen eine sinnvolle Interpretation gibt.

Beispiel

Durch eine Messung erhält man das Volumen m_1 eines Objektes. Teilt man eine Torte in zwei Teile A und B gleichen Volumens, so ist

$$E = A \cup B \text{ und } m_1(A) = m_1(B)$$

Daraus folgt

$$P_1(A) = \frac{m_1(A)}{m_1(E)} = \frac{m_1(A)}{m_1(A \cup B)} = \frac{m_1(A)}{m_1(A) + m_1(B)} = \frac{m_1(A)}{m_1(A) + m_1(A)} = \frac{1}{2} \text{ und analog } P_1(B) = \frac{1}{2}$$

Jetzt drehen wir den Spieß um und ordnen diesen beiden Tortenteilen A und B irgendwelche Phantasiezahlen zu, wobei wir nur darauf achten, dass die drei Regeln erfüllt sind, also z. B.:

$$P_2(A) = 0{,}317 \text{ und } P_2(B) = 0{,}683$$

Dann dürfte es schwerfallen, eine praktisch sinnvolle Messgröße zu finden, die zu genau diesen relativen Anteilen führt. Ein verzweifelter Versuch wäre z. B.: vielleicht handelt es sich um eine Nusstorte, deren Teig nicht ordentlich gerührt wurde, sodass sich im Teil A genau 31,7 % und in Teil B genau 68,3 % der Nusskrümel befinden. Naja, nicht gerade überzeugend.

Man könnte sogar so weit gehen und alternative Fakten bemühen, was manche gerne machen, wenn es zum eigenen Vorteil ist. So kann ich, wenn es ums Bezahlen geht, einfach alternative Volumina behaupten, also z. B.:

$$P_1(A) = 0{,}4 \text{ und } P_1(B) = 0{,}6$$

und daraus ableiten, dass ich für Teil A nur 40 % des Gesamtpreises bezahlen muss. Man kann zumindest nicht die drei Regeln bemühen, um dieses Betrugsmanöver zu durchschauen, denn die drei Regeln sind auch für diese Belegung von Werten erfüllt. Nur anhand des konkreten Messverfahrens selbst kann festgestellt werden, ob die zugeordneten Zahlen korrekt sind.◀

Wenn also die drei Regeln erfüllt sind, so ist das keine Garantie für praktische Sinnhaftigkeit.

Drei Arten von praktischen relativen Anteilen

Zunächst haben wir uns mit relativen Anteilen befasst, die dadurch entstehen, dass man Quotienten von Werten verhältnisskalierter Merkmale nimmt, wie bestimmte Messungen oder Punktebewertungen.

Dann haben wir relative Anteile untersucht, die nicht durch einen Quotienten zweier Werte, sondern direkt festgelegt werden. Dazu zählen die Gewichte von bestimmten gewichteten arithmetischen Mitteln.

Und schließlich haben wir „alternative relative Anteile" betrachtet, bei denen keine praktisch sinnvolle Interpretation erkennbar ist, die aber dennoch die drei Regeln erfüllen.

Jetzt werden sich viele verwundert die Augen reiben und sagen: „Aber die Definition des relativen Anteils entspricht doch einfach den Kolmogoroffschen Axiomen!" (Kolmogoroff 1933, S. 2).

Ja und nein! Formal gleichen die Axiome für den relativen Anteil den Kolmogoroffschen Axiomen, insofern ist die Feststellung richtig. Aber im Gegensatz zu den Kolmogoroffschen Axiomen kommen bei der Definition des relativen Anteils die Worte „Wahrscheinlichkeit", „zufällig" und „Ereignis" überhaupt nicht vor. Wie wir an den Beispielen gesehen haben, ist der simple Grund, dass die Axiome im Allgemeinen schlicht und einfach nichts mit Wahrscheinlichkeit, Zufall oder Ereignissen zu tun haben wie ja auch Kolmogoroff selbst ausdrücklich anmerkte.

Die Stochastik gliedert man üblicherweise in die drei Teilbereiche beschreibende Statistik, Wahrscheinlichkeitsrechnung und die darauf aufbauende schließende Statistik. Die Kolmogoroffschen Axiome gehören aber zum Fundament der Wahrscheinlichkeitsrechnung und damit auch der schließenden Statistik, also eines großen Teils der Stochastik. Und so kommen wir zu der scheinbar etwas merkwürdigen Feststellung.

► Die Regeln der Wahrscheinlichkeitsrechnung haben im Allgemeinen nichts mit Zufall oder Wahrscheinlichkeit zu tun und das gilt damit auch für die Stochastik insgesamt.

Konkret heißt das: verwendet man in den Kolmogoroffschen Axiomen statt „Wahrscheinlichkeit" den Begriff „relativer Anteil" und statt „zufälliges Ereignis" den Begriff „Menge", so erhält man eine **Stochastik ohne Zufall und Wahrscheinlichkeit** – wie es im Titel dieses essentials versprochen wurde. Und diese Stochastik ohne Zufall und Wahrscheinlichkeit entspricht der tatsächlichen Bedeutung der Axiome offensichtlich viel besser, wie die Beispiele gezeigt haben und wie auch die weiteren Ausführungen bestätigen werden.

Wir werden uns daher erst im letzten Abschnitt mit Beispielen, in denen Zufall und Wahrscheinlichkeit relevant sind, näher befassen.

Zum Abschluss einige Hinweise:

Maßtheorie

Für Mathematiker ist der Inhalt dieses Abschnitts nicht überraschend, denn in der Maßtheorie, die das mathematische Fundament der Wahrscheinlichkeitstheorie bildet, verwendet man die neutralen Ausdrücke „normiertes Maß" und „messbare Menge" – also nichts mit Zufall oder Wahrscheinlichkeit. Noch treffender wäre in Analogie zum Einheitskreis in der Trigonometrie der Begriff „Einheitsmaß" statt „normiertes Maß". Dass man statt „normiertes Maß" manchmal auch den etwas irreführenden Begriff „Wahrscheinlichkeitsmaß" benutzt, soll nur andeuten, dass man dieses Maß in ganz bestimmten Sonderfällen auch als Wahrscheinlichkeit interpretieren kann – aber diesen Aspekt kann (und sollte) man getrost weglassen.

Ferner befassen wir uns nur mit endlichen Mengen, sodass die maßtheoretischen Probleme bei unendlichen Mengen hier keine Rolle spielen.

3.2 Mittelwerte von relativen Anteilen

Als Sahnehäubchen zu den Ergebnissen des vorangegangenen Abschnitts bilden wir jetzt Mittelwerte aus relativen Anteilen, die dann ebenfalls die drei Regeln erfüllen.

► **Gewichtetes arithmetisches Mittel von relativen Anteilen** Gegeben sei eine endliche Menge E mit den Teilmengen A und B, sowie P_i ($i = 1, \ldots, n$), für die die Axiome des relativen Anteils erfüllt sind. Ob diese P_i auf Messungen bzw. Bewertungspunkten beruhen oder Gewichte bei Bewertungen oder praktisch sinnlos sind, spielt keine Rolle. Dann erfüllt auch jedes gewichtete arithmetische Mittel dieser P_i die drei Regeln.

Beweis:

Es seien $c_i \geq 0$ mit $c_1 + \ldots + c_n = 1$ und

$$P = c_1 \cdot P_1 + \ldots + c_n \cdot P_n$$

P ist also ein gewichtetes arithmetisches Mittel der P_i.

Dann gilt:

1. $P(E) = c_1 \cdot P_1(E) + \ldots + c_n \cdot P_n(E) = c_1 \cdot 1 + \ldots + c_n \cdot 1 = 1$
2. $P(A) = c_1 \cdot P_1(A) + \ldots + c_n \cdot P_n(A) \geq 0$, da alle Größen auf der rechten Seite ≥ 0 sind
3. Für $A \cap B = \emptyset$ gilt:

$$\begin{aligned} P(A \cup B) &= c_1 \cdot P_1(A \cup B) + \ldots + c_n \cdot P_n(A \cup B) \\ &= c_1 \cdot (P_1(A) + P_1(B)) + \ldots + c_n \cdot (P_n(A) + P_n(B)) \\ &= (c_1 \cdot P_1(A) + \ldots + c_n \cdot P_n(A)) + (c_1 \cdot P_1(B) + \ldots + c_n \cdot P_n(B)) \\ &= P(A) + P(B) \end{aligned}$$

Aber was bedeutet ein gewichtetes arithmetisches Mittel von relativen Anteilen konkret? Dazu betrachten wir drei Arten von Beispielen: sinnlos; sinnhaft, aber trivial; sinnhaft und nicht trivial.

Beispiel „sinnlos"

Es sei

P_1 der relative Flächenanteil eines Bundeslandes bezogen auf Deutschland
P_2 der relative Bevölkerungsanteil eines Bundeslandes bezogen auf Deutschland

und

$$P = 0{,}3 \cdot P_1 + 0{,}7 \cdot P_2$$

P_1 und P_2 erfüllen die drei Regeln und damit erfüllt auch P als gewichtetes arithmetisches Mittel von P_1 und P_2 die drei Regeln.

In Abschn. 3.1 hatten wir als Beispiel relative Anteile von Niedersachsen (N):

Relativer Flächenanteil: $P_1(N) = 13{,}36\ \%$.
Relativer Bevölkerungsanteil: $P_2(N) = 9{,}64\ \%$.

Damit folgt

$$P(N) = 0{,}3 \cdot P_1(N) + 0{,}7 \cdot P_2(N) = 0{,}3 \cdot 13{,}36\ \% + 0{,}7 \cdot 9{,}64\ \% = 10{,}756\ \%$$

Das ist mathematisch alles vollkommen korrekt, aber obwohl P_1 und P_2 Messungen sind und für P die drei Regeln erfüllt sind, ist P keine Messung. Denn die Gewichte sind willkürlich und eine „Einheit", wie sie von DIN 1319 gefordert wird, ist nicht vorhanden. Eine Mischung aus relativem Flächen- und Bevölkerungsanteil erscheint zudem ziemlich sinnlos.

Zur Rettung dieses Ansatzes könnte man P mit etwas Fantasie als Bewertung interpretieren. Da P umso größer wird, je größer der relative Flächenanteil oder der relative Bevölkerungsanteil werden, könnte man mit P die Bedeutung eines Bundeslandes für Deutschland bewerten. Und wenn man der Meinung ist, dass die Bevölkerung wichtiger als die Fläche ist, kann man den Bevölkerungsanteil P_2 mit 0,7 und den Flächenanteil P_1 nur mit 0,3 gewichten. P ist dann ein Bedeutungsindex und erlaubt eine Rangordnung der Bundesländer bezüglich ihrer Bedeutung. Ob das alles sinnvoll ist und ob daraus irgendetwas Konkretes folgt, ist natürlich eine ganz andere Frage. ◀

Beispiel „sinnhaft, aber trivial"

Sind die P_i alle gleich, so ist

$$P = c_1 \cdot P_1 + \ldots + c_n \cdot P_n = c_1 \cdot P_1 + \ldots + c_n \cdot P_1 = (c_1 + \ldots + c_n) \cdot P_1 = P_1$$

also

$$P = P_1 = \ldots = P_n$$

Man hätte sich also gleich nur auf P beschränken und $P_1, \ldots, P_n$ weglassen können. ◀

Beispiel „sinnhaft und nicht trivial"

Basis ist die Tab. 2.4. Berücksichtigt man, dass die ungewichtete maximale Punktzahl bei jedem Kriterium gleich 100 ist, so erhält man mit den einzelnen relativen Anteilen P_i die Tab. 3.1. Dann ist

$$P = 0{,}25 \cdot P_1 + 0{,}25 \cdot P_2 + 0{,}15 \cdot P_3 + 0{,}20 \cdot P_4 + 0{,}15 \cdot P_5$$

Tab. 3.1 Relative Anteile bei Smartphones

Kriterium	Gewichtung (%)	Ungewichtete Punkte von X	Relativer Anteil der Punkte von X
Internet	25	84	$P_1(X) = \frac{84}{100}$
Kamera	25	96	$P_2(X) = \frac{96}{100}$
Telefon	15	74	$P_3(X) = \frac{74}{100}$
Handhabung	20	86	$P_4(X) = \frac{86}{100}$
Ausdauer	15	86	$P_5(X) = \frac{86}{100}$

der relative Anteil der Gesamtpunktzahl eines Smartphones an der maximal möglichen Gesamtpunktzahl 100. Speziell für das konkrete Smartphone X ergibt sich

$$\begin{aligned} P(X) &= 0{,}25 \cdot P_1(X) + 0{,}25 \cdot P_2(X) + 0{,}15 \cdot P_3(X) + 0{,}20 \cdot P_4(X) + 0{,}15 \cdot P_5(X) \\ &= 0{,}25 \cdot \frac{84}{100} + 0{,}25 \cdot \frac{96}{100} + 0{,}15 \cdot \frac{74}{100} + 0{,}20 \cdot \frac{86}{100} + 0{,}15 \cdot \frac{86}{100} = 0{,}862 \end{aligned}$$

Da die maximal mögliche Gesamtpunktzahl gleich 100 ist, hat das Smartphone 86,2 Punkte erhalten. Diesen Wert hatten wir auch bereits in Abschn. 2.1 ermittelt.◀

Ein gewichtetes arithmetisches Mittel relativer Anteile ist also auch wieder ein axiomatischer relativer Anteil, aber nur bei Bewertungen scheint es eine sinnvolle und nichttriviale praktische Interpretation zu geben.

3.3 Bedingte relative Anteile

Manchmal ist es sinnvoll, nur einen bestimmten Teil des Ganzen als Grundlage zu nehmen.

Beispiel

A sei ein Stadtteil der Stadt E. Über die Stadt sind Grünflächen verteilt, deren Gesamtheit G sei. Die Flächen sind in Tab. 3.2 aufgelistet.

Tab. 3.2 Stadt mit Teilen

Bezeichnung	Fläche (km^2)	Relativer Flächenanteil
Stadt E	$m(E) = 200$	$P(E) = \frac{m(E)}{m(E)} = 1$
Stadtteil A	$m(A) = 35$	$P(A) = \frac{m(A)}{m(E)} = 0{,}175$
Grünfläche G	$m(G) = 80$	$P(G) = \frac{m(G)}{m(E)} = 0{,}4$
Grünfläche im Stadtteil A	$m(A \cap G) = 20$	$P(A \cap G) = \frac{m(A \cap G)}{m(E)} = 0{,}1$

Beschränkt man sich nur auf die Grünflächen, so ist $\frac{m(A\cap G)}{m(G)}$ der relative Anteil, den die Grünflächen im Stadtteil A bezüglich der Grünflächen der gesamten Stadt E haben. In Zahlen bedeutet das:

$$\frac{m(A \cap G)}{m(G)} = \frac{20}{80} = 0{,}25$$

Im Stadtteil A liegen also 25 % der Grünflächen der Stadt E.
Umgekehrt bedeutet

$$\frac{m(G \cap A)}{m(A)} = \frac{20}{35} \approx 0{,}57,$$

dass Stadtteil A zu ca. 57 % aus Grünflächen besteht.◀

Wegen

$$\frac{m(A \cap G)}{m(G)} = \frac{m(A \cap G)/m(E)}{m(G)/m(E)} = \frac{P(A \cap G)}{P(G)}$$

kann man allgemein formulieren:

▶ **Bedingter relativer Anteil** Es seien A und B Teilmengen der endlichen Menge E und P ein relativer Anteil bezüglich E. Dann ist für $P(B) \neq 0$

$$P_B(A) = \frac{P(A \cap B)}{P(B)}$$

der relative Anteil von A bezüglich P unter der Bedingung, dass man sich auf B statt E als „Ganzes" beschränkt. Dabei wird nur der Anteil von A, der in B liegt, berücksichtigt. Kurz (und etwas kryptisch) sagt man dazu auch:

$P_B(A)$ ist der bedingte relative Anteil von A unter der Bedingung B.

Statt $P_B(A)$ schreibt man oft auch $P(A|B)$.

Ist $P(B) = 0$, so ist $P_B(A)$ nicht definiert.

Man setzt also gewissermaßen eine Brille auf, die nur das sichtbar lässt, was in B liegt. Alles andere außerhalb von B wird ausgeblendet.

P_B ist auch ein relativer Anteil, erfüllt also die drei Regeln:

1. $P_B(B) = \frac{P(B \cap B)}{P(B)} = \frac{P(B)}{P(B)} = 1$
   Anmerkung: Dasselbe gilt dann auch für jede Menge C mit $B \subset C \subset E$:
   $P_B(C) = \frac{P(C \cap B)}{P(B)} = \frac{P(B)}{P(B)} = 1$
2. $P_B(A) = \frac{P(A \cap B)}{P(B)} \geq 0$, da Zähler und Nenner nicht negativ sind.
3. Für $A \cap C = \emptyset$ ist erst recht $(A \cap B) \cap (C \cap B) = \emptyset$, da in den Klammern nur Teile von A bzw. C stehen. Damit folgt mit ein bisschen Mengenlehre:

$$P_B(A \cup C) = \frac{P((A \cup C) \cap B)}{P(B)} = \frac{P((A \cap B) \cup (C \cap B))}{P(B)} = \frac{P(A \cap B) + P(C \cap B)}{P(B)} = P_B(A) + P_B(C)$$

Wegen

$$P(A|B) \cdot P(B) = P(A \cap B) = P(B \cap A) = P(B|A) \cdot P(A)$$

folgt der **Satz von Bayes:**

$$P(A|B) = \frac{P(A)}{P(B)} \cdot P(B|A)$$

Der Satz von Bayes erlaubt also, die Sichtweise umzudrehen: den relativen Anteil von A unter der Bedingung B kann man auf den relativen Anteil von B unter der Bedingung A zurückführen, sofern P(A) und P(B) bekannt sind.

Diese Erkenntnisse wenden wir auf das vorangegangene Beispiel an.

Beispiel

Auf Basis von Tab. 3.2 ergibt sich:

$$P(A|G) = \frac{P(A \cap G)}{P(G)} = \frac{0{,}1}{0{,}4} = 0{,}25$$

P(G|A) kann man nun auf zwei Arten bestimmen:

Direkt: $P(G|A) = \frac{P(G \cap A)}{P(A)} = \frac{0{,}1}{0{,}175} = \frac{4}{7}$.

Mit Satz von Bayes: $P(G|A) = \frac{P(G)}{P(A)} \cdot P(A|G) = \frac{0{,}4}{0{,}175} \cdot 0{,}25 = \frac{0{,}1}{0{,}175} = \frac{4}{7}$.

◄

Ein anderer wichtiger Satz der Stochastik ist der **Satz vom totalen relativen Anteil** (besser bekannt als Sonderfall „Satz von der totalen Wahrscheinlichkeit“, obwohl es auch hier nur um relative Anteile geht):

Gegeben sei eine Menge E mit den Teilmengen A, B, C. Die Mengen B und C bilden eine überschneidungsfreie Zerlegung von E, also

$$E = B \cup C \text{ mit } B \cap C = \emptyset$$

Dann ist

$$P(A) = P(A|B) \cdot P(B) + P(A|C) \cdot P(C)$$

Diese Gleichung ergibt sich folgendermaßen:
Es ist

$$A = A \cap E = A \cap (B \cup C) = (A \cap B) \cup (A \cap C)$$

Da sich B und C nicht überlappen, überlappen sich erst recht die beiden Teilmengen $A \cap B$ und $A \cap C$ auch nicht. Dann folgt mit der dritten der drei Regeln:

$$P(A) = P((A \cap B) \cup (A \cap C)) = P(A \cap B) + P(A \cap C) = P(A|B) \cdot P(B) + P(A|C) \cdot P(C)$$

Dieser Satz lässt sich leicht auf den Fall, dass E in mehrere Teilmengen überschneidungsfrei zerlegt wird, verallgemeinern.

Beispiel

Die Gesamtfläche der Stadt E wird in die zwei Teilflächen G (begrünt) und U (unbegrünt) überschneidungsfrei zerlegt. Auf Basis von Tab. 3.2 gilt dann:

$$P(U) + P(G) = 1 \qquad \Rightarrow P(U) = 1 - 0{,}4 = 0{,}6$$
$$P(A \cap U) + P(A \cap G) = P(A) = 0{,}175 \Rightarrow P(A \cap U) = 0{,}175 - 0{,}1 = 0{,}075$$

Dann ist

$$P(A|G) = \frac{P(A \cap G)}{P(G)} = \frac{0{,}1}{0{,}4} = 0{,}25$$

$$P(A|U) = \frac{P(A \cap U)}{P(U)} = \frac{0{,}075}{0{,}6} = 0{,}125$$

Damit ergibt sich

$$P(A|G) \cdot P(G) + P(A|U) \cdot P(U) = 0{,}25 \cdot 0{,}4 + 0{,}125 \cdot 0{,}6 = 0{,}175 = P(A)$$

also der Satz vom totalen relativen Anteil.◀

Wir kommen nun zu einem wichtigen Sonderfall des bedingten relativen Anteils.

Manchmal kommt es vor, dass die Beschränkung auf die Teilmenge B den relativen Anteil von A nicht ändert, also formal

$$P_B(A) = P(A)$$

Dann folgt aber auch

$$P_A(B) = \frac{P(B \cap A)}{P(A)} = \frac{P(A \cap B)}{P(A)} \cdot \frac{P(B)}{P(B)} = \frac{P(A \cap B)}{P(B)} \cdot \frac{P(B)}{P(A)} = P_B(A) \cdot \frac{P(B)}{P(A)} = P(A) \cdot \frac{P(B)}{P(A)} = P(B).$$

▶ **Definition** Es seien A und B Teilmengen der endlichen Menge E und P ein relativer Anteil bezüglich E.

Ist

$$P_B(A) = P(A)$$

und damit automatisch auch

$$P_A(B) = P(B),$$

so heißen A und B **bezüglich P voneinander unabhängig.** Wenn eindeutig ist, auf welches P man sich konkret bezieht, dann sagt man üblicherweise ungenauer „stochastisch“ statt „bezüglich P“.

Beispiel

Es sei

E Bevölkerung einer Stadt X.
A Bevölkerung eines bestimmten Stadtteils S von X.
B Bevölkerung über 50 Jahre in X.
m Anzahl Personen.

Die jeweiligen Anzahlen seien

$$m(E) = 200.000$$

$$m(A) = 30.000$$

$$m(B) = 80.000$$

$m(A \cap B) = 12.000$ Anzahl Personen über 50 Jahre im Stadtteil S

Dann ist

$$P_B(A) = \frac{m(A \cap B)}{m(B)} = \frac{12.000}{80.000} = 0,15 = 15\ \%$$

und

$$P(A) = \frac{m(A)}{m(E)} = \frac{30.000}{200.000} = 0,15 = 15\ \%$$

also

$$P_B(A) = P(A)$$

Der relative Anteil des Stadtteils S bezüglich der gesamten Stadt X ist 15 % und das gilt sowohl bezüglich der Bevölkerung allgemein, als auch bezüglich der Bevölkerung über 50 Jahre. Es ist also bei diesem relativen Anteil egal, ob man sich auf die Bevölkerung über 50 Jahre beschränkt oder nicht, kurz: A und B sind bezüglich P unabhängig voneinander.◀

Würde man im vorangegangenen Beispiel als m die Anzahl der Berufstätigen wählen, so kann es passieren, dass $P_B(A) \neq P(A)$ und somit A und B bezüglich P abhängig sind, also:

► Dieselben Mengen können bezüglich P_1 abhängig und bezüglich P_2 unabhängig voneinander sein, der Zusatz „bezüglich P_1/P_2“ ist also notwendig.

3.4 Relative Häufigkeiten

Bei einer relativen Häufigkeit hat man eine Gesamtanzahl, nimmt dann einen Teil davon und bildet daraus den Quotienten, einfacher geht's nicht. Beispiele dazu hatten wir bereits in den vorangegangenen Abschnitten gehabt, warum also ein Extra-Abschnitt zu diesem Thema?

Das hat zwei Gründe: zum einen wird der Begriff „relative Häufigkeit“ manchmal nur im Zusammenhang mit Zufallsprozessen definiert und zum anderen kann man relative Anteile oft in relative Häufigkeiten umformen.

Betrachten wir zunächst die Zahlenfolge

$$1,\ 4,\ 1,\ 4,\ 2,\ 1,\ 3,\ 5,\ 6,\ 2$$

Würde man den Begriff „relative Häufigkeit“ nur bei Ergebnissen von Zufallsprozessen zulassen, so müsste man bei dieser Zahlenfolge differenzieren:

Ist die Folge das Ergebnis von Zufallsprozessen wie dem 10-maligen Würfeln, so darf man sagen, dass die relative Häufigkeit der „1“ den Wert $\frac{3}{10} = 30\,\%$ hat.

Ist die Folge aber zum Beispiel dadurch entstanden, dass man die ersten 10 Ziffern von

$$\sqrt{2} = 1{,}414213562\ldots$$

aufschreibt, so ist kein Zufall im Spiel und man darf nicht sagen, dass die relative Häufigkeit der „1“ den Wert $\frac{3}{10} = 30\,\%$ hat.

Nun gehört zum Wesen der Mathematik, dass man abstrahiert und bei $2 + 3 = 5$ nicht berücksichtigt, ob es sich dabei um Äpfel, Birnen oder etwas anderes handelt. Analog benutzen wir daher den Begriff „relative Häufigkeit“ unabhängig davon, ob die Werte bei Zufallsprozessen oder irgendwie anders entstanden sind.

Dazu ein sprachlicher Hinweis:

Menge statt Folge
Formal müsste man die Zahlenfolge als Menge schreiben, damit die drei Regeln angewendet werden können. Und da die Elemente einer Menge nach Cantor „wohlunterschieden" sein müssen, darf man nicht einfach $\{1, 4, 1, \ldots, 2\}$ nehmen. Korrekt ist stattdessen

$$\{(1, 1), (2, 4), \ldots, (10, 2)\},$$

wobei die jeweils erste Zahl in der Klammer die Position in der Zahlenfolge und die zweite Zahl der konkrete Wert aus der Folge ist.

Wenden wir uns also dem anderen eingangs erwähnten Grund zu, dass man relative Anteile oft in relative Häufigkeiten umwandeln kann, sodass man einfach nur abzählen muss. Heutzutage wird alles und jedes digitalisiert und das heißt insbesondere, dass bestimmte Größen als das ganzzahlige Vielfache einer Basisgröße dargestellt werden.

Beispiel

Bei meiner Haushaltswaage wird das Gewicht mit 0,5 g Genauigkeit als Zahl angezeigt, jeder Wert ist also ein ganzzahliges Vielfaches von 0,5 g. Ein unsicheres Ablesen wie beim analogen Zeigerstand älterer Waagen ist hier nicht möglich. ◀

Relative Anteile, die aus Messungen hervorgegangen sind, lassen sich in relative Häufigkeiten überführen, indem man einfach abzählt, wie oft die zugrunde liegende kleinste Einheit vorkommt. Möchte man z. B. den Flächeninhalt eines Bildes bestimmen, so kann man dieses zunächst mit einem Scanner digitalisieren. Anschließend muss man dann nur noch (möglichst automatisiert) abzählen, wie viele Pixel in der betrachteten Fläche liegen und dann mit dem Flächeninhalt eines Pixels multiplizieren. Das sagt ja gerade die Norm DIN 1319 aus: Messen ist der Vergleich mit einer Einheit.
Und ganz ähnlich kann man es auch mit anderen Messgrößen wie Gewichten, Zeiten oder Längen machen. Die Realität, wie wir sie wahrnehmen können, ist endlich. Mit einem Zollstock kann man nur die 2000 Längen von 1 mm bis 2000 mm messen, aber nicht mehr und das gilt analog für alle anderen Messungen auch. Bei Messungen bildet man also die Teile, die minimal möglich sind, und zählt dann ab, wie viele davon im Ganzen enthalten sind. Diese minimal möglichen Teile sind im Rahmen der Messmethode nicht weiter teilbar, also im ursprünglichen Sinne des Wortes „atomar". Ferner muss dieses Minimum normiert sein, d. h., es darf nicht unterschiedlich große Atome geben.

Beispiel

Bei einer lückenlosen Pflasterung mit gleichen Pflastersteinen erhält man die Gesamtfläche, indem man die Anzahl der Pflastersteine mit der normierten Fläche eines Steines multipliziert.

Ganz anders sieht das aus, wenn man mit verschieden großen Steinen pflastert. Wenn man die Steine als unteilbar ansieht, so reicht das Abzählen der Steine zur Bestimmung der Gesamtfläche offenbar nicht aus.◀

Nun mal etwas Sportliches.

Beispiel

Bei einem Marathonlauf wurde alle 5 km eine Zwischenzeit gemessen. Die Netto-Zeiten eines Läufers sind in Tab. 3.3 dargestellt. Auf der gesamten Strecke tickte der Sekundenzeiger 13.637-mal und auf den ersten 15 km 4922-mal. Der relative Zeitanteil für diese Strecke kann dann durch eine relative Tick-Häufigkeit dargestellt werden, also: der relative Zeitanteil der Sekunden(ticks) nach 15 km beträgt $\frac{4922}{13637} \approx 36{,}1\ \%$.◀

Gegenbeispiele gibt es beim gewichteten arithmetischen Mittel. Bei vielen Bewertungen wie in Tab. 2.4 drücken die Gewichte lediglich die Relevanz der Einflussgrößen aus, sind aber keine Quotienten von Messgrößen oder Punktebewertungen und können daher auch nicht sinnvoll als relative Häufigkeiten dargestellt werden.

Tab. 3.3 Marathonlauf

Nach … km	Netto-Zeit in h:mm:ss	Netto-Zeit in Sekunden	Relativer Zeitanteil
5	0:27:02	1.622	$\frac{1622}{13637} \approx 11{,}9\ \%$
10	0:55:05	3.305	$\frac{3305}{13637} \approx 24{,}2\ \%$
15	1:22:02	4.922	$\frac{4922}{13637} \approx 36{,}1\ \%$
20	1:49:25	6.565	$\frac{6565}{13637} \approx 48{,}1\ \%$
25	2:16:32	8.192	$\frac{8192}{13637} \approx 60{,}1\ \%$
30	2:44:02	9.842	$\frac{9842}{13637} \approx 72{,}2\ \%$
35	3:10:17	11.417	$\frac{11417}{13637} \approx 83{,}7\ \%$
40	3:36:08	12.968	$\frac{12968}{13637} \approx 95{,}1\ \%$
42,195	**3:47:17**	**13.637**	$\frac{13637}{13637} = 100\ \%$

4 Interpretationen von relativen Anteilen

4.1 Grundlagen

In Abschn. 3.2 hatten wir zwei Messwerte, nämlich Flächenanteil und Bevölkerungsanteil, über ein gewichtetes arithmetisches Mittel gemischt und als „Bedeutungsindex“ interpretiert. Manchmal ist es aber noch einfacher und man kann nur einen einzigen relativen Anteil P nehmen und als Bewertung von „etwas“ interpretieren. In den nächsten Abschnitten werden wir drei Beispiele für solche Interpretationen des relativen Anteils P näher betrachten: Freude (P für pleasure), Macht (P für power) und Wahrscheinlichkeit (P für probability).

Ersetzt man in der axiomatischen Definition des relativen Anteils in Abschn. 3.1 den Begriff „relativer Anteil“ durch Freude, Macht oder Wahrscheinlichkeit, so sieht das Ergebnis zunächst ziemlich schräg und ungewohnt aus. Aber in der Mathematik ist es nicht unüblich, Begriffe aus der Alltagssprache zu nehmen, obwohl es keinen direkten Bezug zur mathematischen Definition gibt. So hat z. B. der Begriff „Geschlecht“ in der Topologie nichts mit dem biologischen oder grammatikalischen Geschlecht zu tun, sondern bezeichnet anschaulich die Anzahl Löcher einer geometrischen Figur. Eine Kugel hat Geschlecht 0, ein Ring hat Geschlecht 1 und eine Brezel hat Geschlecht 3. Und wo wir gerade beim Ring sind: auch der Begriff Ring in der Algebra hat nichts mit einem physischen Ring, etwa einem Fingerring, zu tun, sondern bezeichnet eine Menge, in der zwei Verknüpfungsoperationen definiert sind, wie die Menge der ganzen Zahlen mit der Addition und Multiplikation. Und in der Quantentheorie hat „flavour“ nichts mit Geschmack zu tun, sondern ist eine Eigenschaft bestimmter Elementarteilchen. Ganz so krass ist das in den folgenden Abschnitten nicht, da

R. Stegen, *Stochastik ohne Zufall und Wahrscheinlichkeit*, essentials,
https://doi.org/10.1007/978-3-658-33779-7_4

es zumindest einen schwachen Zusammenhang zwischen den axiomatischen und den umgangssprachlichen Begriffen gibt.

Für alle diese Interpretationen gilt:

> **Wichtig** Bei der Interpretation von relativen Anteilen als Freude, Macht oder Wahrscheinlichkeit passiert mathematisch nichts.
>
> Solche Interpretationen können eine Genauigkeit und Objektivität suggerieren, die sie tatsächlich nicht haben.

4.2 Anwendungsbeispiel „Freude"

Die relative Anzahl erreichter Punkte bei einer Klausur kann man zur quantitativen Bewertung von „Freude über die Klausur" verwenden. Hat man 100 % der möglichen Punkte erhalten, so ist die Freude maximal, hat man nur 0 % der Punkte, so ist die Freude minimal. Dann kann man die Größen bei den drei Regeln aus Abschn. 3.1 folgendermaßen interpretieren:

E	gesamte Klausur.
A, B	Mengen von (Teil-)Aufgaben der Klausur, für die Punkte vorgegeben sind.
P	Freude.
P(A)	$= \frac{\text{erreichte Punkte für A}}{\text{maximal mögliche Punkte für E}}$.

Da es sich um einen relativen Anteil handelt, sind die drei Regeln erfüllt. Bei dieser Bewertung der Freude ist nur die Bildung des relativen Anteils aus den einzelnen Punkten objektiv, alles andere enthält auch subjektive Komponenten.

> Nimmt man in den drei Regeln „Freude" anstelle von „relativer Anteil", so hat man die „axiomatische Freude" definiert.

Auch der bedingte relative Anteil kann sinnvoll interpretiert werden. Ist z. B. B die Menge der Aufgaben, bei denen Integrale berechnet werden müssen, und ist A eine dieser Aufgaben, so ist $P(A|B)$ die Freude über die Punkte für die Aufgabe A unter der Bedingung, dass man sich nur auf Integralaufgaben beschränkt, kurz: die bedingte Freude. Das kann dann sinnvoll sein, wenn man Integralaufgaben als besonders schwierig empfindet und daher der Fokus bei der Freude auf solchen Aufgaben liegt.

Darüber hinaus gibt es auch Freude ohne relative Anteile (z. B. wenn ich mich über ein Geschenk freue) und relative Anteile ohne Freude (wie in den vorangegangenen Abschnitten). Nur in Sonderfällen (wie bei den Klausurpunkten) gibt es eine Beziehung zwischen Freude und relativem Anteil.

Dies soll für den Einstieg genügen. In den beiden folgenden Abschnitten werden auch andere Eigenschaften relativer Anteile entsprechend interpretiert.

4.3 Anwendungsbeispiel „Macht“

Die Nobelpreise für Wirtschaftswissenschaften wurden in der Vergangenheit mehrmals für Arbeiten aus der Spieltheorie vergeben. Besonders bekannt wurde der Nobelpreisträger John Forbes Nash, dessen Schicksal in „A beautiful mind“ eindrucksvoll verfilmt wurde. Auch 2020 wurde der Nobelpreis für Wirtschaftswissenschaften wieder für ein Thema aus der Spieltheorie, nämlich für Auktionstheorie, vergeben.

Wir machen es hier ein paar Nummern kleiner und befassen uns mit dem Begriff „Macht“ in der Spieltheorie ohne dafür auf einen Nobelpreis zu hoffen. Macht wird dabei durch einen sogenannten Machtindex quantifiziert[1]. Es gibt verschiedene Machtindices, die unterschiedliche Aspekte bewerten, aber hier nehmen wir einen ganz einfachen und naheliegenden.

Basis ist einfach ein relativer Sitzanteil einer Partei in einem Parlament, ein relativer Aktienanteil eines Aktionärs an einem Unternehmen oder Vergleichbares. Diesen relativen Anteil kann man nutzen, um Macht zu quantifizieren: hat man viele Sitze im Parlament oder viele Aktien eines Unternehmens, so hat man viel Macht, hat man wenige Sitze bzw. Aktien, so hat man wenig Macht, also kurz und prägnant:

„Macht = relative Stimmenanteile“

Die Realität ist meistens wesentlich komplizierter, aber für den ersten Eindruck reicht diese Betrachtungsweise.

Mit dieser Festlegung kann man die drei Regeln aus Abschn. 3.1 auch für „Macht“ anstelle von „relativer Anteil“ formulieren. Macht wird dadurch rein axiomatisch innerhalb der Mathematik definiert und ohne, dass damit erklärt wird, was Macht konkret bedeutet. Formal könnte man also auf Basis des Marathonbeispiels in Tab. 3.3 formulieren: „Die Macht der Sekunden(ticks) nach 15 km

[1] de.wikipedia.org/wiki/Machtindex, Stand 06.01.2021.

beträgt 36,1 %“. Das ist umgangssprachlich natürlich Unsinn, aber mathematisch und formal vollkommen korrekt.

Die Interpretation von relativen Anteilen als Macht schauen wir uns jetzt etwas näher an. Praktisch gesehen kann man mehrere Arten von Macht unterscheiden, wie der folgende Fall zeigt.

Im Parlament liegt ein Gesetzentwurf zur Entscheidung vor. Es gibt drei Gruppen:

A	Ablehnende
B	Befürwortende
U	Unentschiedene
E	$= A \cup B \cup C$
P(B)	Macht der Befürwortenden

P(B) kann auf unterschiedliche Arten berechnet werden.

Entweder nimmt man als Macht einfach den Anteil Sitze der verschiedenen Parteien und das Wissen, welche Partei für und welche gegen die Vorlage ist. Das ist insbesondere dann sinnvoll, wenn Fraktionszwang herrscht. Dann ist

$$P(B) = \frac{\text{Anzahl Sitze der Parteien, die das Gesetz befürworten}}{\text{Anzahl Sitze im Parlament insgesamt}}$$

In der Philosophie nennt man solche Festlegungen „a priori“, was so viel wie „von vornherein“ oder „von der Erfahrung unabhängig“ bedeutet. Dies ist die **klassische Macht.**

Oder man legt die Erfahrung aus dem bisherigen Stimmverhalten der einzelnen Parlamentarier zugrunde. Das ist natürlich nur sinnvoll, wenn kein Fraktionszwang herrscht. Dann ist

$$P(B) = \frac{\text{Anzahl Personen, die erfahrungsgemäß das Gesetz befürworten}}{\text{Anzahl Sitze im Parlament insgesamt}}$$

In der Philosophie nennt man solche Festlegungen „a posteriori“, was so viel wie „nachträglich“ oder „auf Erfahrung basierend“ bedeutet. Dies ist die **empirische Macht.**

Und schließlich kann man auch einfach nur auf sein Bauchgefühl hören und auf dieser Basis die relative Stimmenzahl einschätzen. Dabei muss man natürlich aufpassen, dass diese Einschätzung zu den drei Regeln konform ist, also einfach nur Fühlen reicht nicht. Dies ist die **subjektive Macht.**

Wenn kein Fraktionszwang herrscht, können alle drei Arten von Macht gleichzeitig sinnvoll sein. Wenden wir die Ergebnisse aus Abschn. 3.2 auf diesen Fall an, so ist auch das gewichtete arithmetische Mittel mehrerer Mächte wieder eine Macht, sodass man sich nicht für eine Macht entscheiden muss – also ein Kompromiss. Ein Beispiel für die so gebildete kombinierte Macht wäre

$$P = 0{,}4 \cdot \text{„klassische Macht"} + 0{,}5 \cdot \text{„empirische Macht"} + 0{,}1 \cdot \text{„subjektive Macht"}$$

Dieser Kompromiss berücksichtigt die Ungewissheit, ob sich die einzelnen Parlamentarier/innen eher an ihrer Überzeugung oder an der Parteilinie orientieren.

Auf Basis relativer Anteile kann man jetzt auch wie in Abschn. 3.3 die bedingte Macht betrachten.

Beispiel

A sei die Menge der Mitglieder einer Partei im Parlament E. B sei die Menge der Parlamentarier/innen, die ein bestimmtes Gesetzesvorhaben befürworten. Da kein Fraktionszwang herrscht, kann es in jeder Partei Befürworter/innen und Gegner/innen geben. Die Messgröße m ist die Anzahl der Personen.

Es sei

$$m(E) = 600$$

$$m(A) = 180$$

$$m(B) = 260$$

$$m(A \cap B) = 78 \quad \text{Anzahl der Befürworter/innen in der Partei}$$

Dann ist

$$P_B(A) = \frac{m(A \cap B)}{m(B)} = \frac{78}{260} = 0{,}3 = 30\,\%$$

der relative Anteil der Mitglieder der Partei in der Menge der Befürworter/innen.

P_B ist dann die Macht unter der Bedingung, dass nur Befürworter/innen berücksichtigt werden, kurz: die **bedingte Macht** unter der Bedingung B.

Wegen

$$P(A) = \frac{m(A)}{m(E)} = \frac{180}{600} = 0{,}3 = 30\,\%$$

ist

$$P_B(A) = P(A),$$

d. h., A und B sind **bezüglich P unabhängig** voneinander. Die Macht der Mitglieder der Partei in der Menge B der Befürworter/innen ist genauso hoch wie die Macht der Mitglieder der Partei im gesamten Parlament E.◂

Aber natürlich kann man Macht nicht immer durch relative Anteile quantifizieren. Ist eine Person A von einer Person B psychisch oder finanziell abhängig, so kann B Macht gegenüber A ausüben, aber relative Anteile spielen dabei keine Rolle. Wie bereits bei der Freude in Abschn. 4.2 bemerkt wurde, gilt auch hier: es gibt Macht ohne relative Anteile und relative Anteile ohne Macht. Nur in Sonderfällen überschneiden sich Macht und relativer Anteil.

Macht

Macht kann man in bestimmten Fällen durch einen relativen Anteil, wie z. B. über Stimmenanteile im Parlament, quantifizieren. Die Ergebnisse aus Kap. 3 können in diesem Fall für Macht sinnvoll interpretiert werden. Darüber hinaus gibt es je nachdem, welche relativen Anteile man zugrunde legt, die klassische, die empirische oder die subjektive Macht.◂

Die Ausführungen zur Macht sind sicherlich etwas ungewohnt, aber im nächsten Abschnitt sehen wir, dass das alles vollkommen analog zu dem aus der Schule bekannten Beispiel der Wahrscheinlichkeit, also nichts wirklich Neues, ist.

4.4 Anwendungsbeispiel „Wahrscheinlichkeit"

Bei Aussagen drückt man oft zusätzlich aus, wie überzeugt man ist oder wie sehr man daran glaubt, dass die Aussage wahr ist. Solche Überzeugungen oder Vermutungen können viele Quellen haben – rationale, bewusste, aber auch irrationale oder unbewusste. Dabei versucht man manchmal den Grad der Überzeugung oder des Glaubens, dass eine Aussage wahr ist, durch Prozentzahlen zu präzisieren. In diesen Fällen handelt es sich nicht um objektive Messungen im Sinne der DIN 1319, sondern um mehr oder weniger subjektive Bewertungen. Beispielsweise wird in Quizsendungen manchmal gesagt: „ich bin mir zu 90 % sicher, dass meine Antwort richtig ist" und diese 90 % kann man nicht messen wie eine Länge oder berechnen wie eine Geschwindigkeit.

Anstelle der Formulierung „ich bin mir sicher" sagt man auch „ich bin überzeugt" oder „ich glaube". Und statt „Grad der Sicherheit / der Überzeugung / des Glaubens / …" benutzt man auch die Begriffe „Chance" (bei positiven Erwartungen), „Risiko" (wenn Gefahren im Vordergrund stehen), „Glaubhaftigkeit", „Plausibilität" oder etwas antiquiert „Schein der Wahrheit". Damit sind wir bei der Überschrift dieses Abschnitts gelandet: *Wahr-schein*-lichkeit ist der *Schein* der *Wahr*-heit oder mit den anderen Begriffen formuliert:

- Wahrscheinlichkeit ist der Grad der Überzeugung, der Plausibilität oder des Glaubens. Der Zufall spielt dabei im Allgemeinen keine Rolle.

Das war ein netter philosophisch-psychologisch-linguistischer Ausflug, aber was hat das mit relativen Anteilen zu tun? Im Allgemeinen gar nichts, aber in Sonderfällen eben doch, wie die folgenden Beispiele zeigen.

Beispiel

Wenn beim 50-maligen Münzwurf 29-mal Kopf geworfen wurde, dann bin ich aufgrund dieser Erfahrung für den nächsten Münzwurf etwas mehr überzeugt, dass Kopf als dass Zahl geworfen wird. Das kann man dann mit relativen Anteilen präzisieren und sagen: „der Grad meiner Überzeugung oder meines Glaubens (oder: die Wahrscheinlichkeit), dass im nächsten Wurf Kopf geworfen wird, ist $\frac{29}{50} = 58\ \%$".◄

Beispiel

Wenn in einer Umfrage 72,4 % der Befragten glauben, dass die Mannschaft X deutscher Meister wird, dann kann ich mir das Umfrageergebnis zu eigen machen und sagen: „der Grad meiner Überzeugung oder meines Glaubens (oder: die Wahrscheinlichkeit), dass X deutscher Meister wird, ist 72,4 %".

Dass man mit solchen Umfragen aber auch ganz schön daneben liegen kann, zeigen das Referendum über den Brexit am 23. Juni 2016 und die US-Präsidentschaftswahl am 8. November 2016. In beiden Fällen hatten fast alle Umfragen einen anderen Ausgang vorhergesagt. ◂

Beispiel

Wenn man mit einer schiefen Pyramide würfelt, dann kann man annehmen, dass die Pyramide auf der größten Seite häufiger liegen bleibt, als auf einer anderen Seite. Der relative Flächenanteil einer Seite bezogen auf die gesamte Oberfläche kann dann dazu dienen, den Grad der Überzeugung (also die Wahrscheinlichkeit) zu quantifizieren, dass die Pyramide nach dem Werfen auf dieser Seite liegen bleibt. ◂

Beispiel

Es gibt viele starke Hinweise darauf, dass das Weltall durch einen Urknall entstanden ist und nur wenige schwache Argumente dagegen. Man kann dann die einzelnen Argumente mit Punkten bewerten und gewichten und über ein gewichtetes arithmetisches Mittel zu einer Gesamtbewertung kommen – ganz analog zum Test von Smartphones in Tab. 2.4. Der Quotient „erreichte Punkte"/„maximal mögliche Punkte" kann dann als Grad der Überzeugung und damit als Wahrscheinlichkeit dienen, dass das Universum durch einen Urknall entstanden ist. ◂

Wahrscheinlichkeiten sind immer subjektiv, denn andere Personen haben andere Erfahrungen oder Überzeugungen und kommen so zu einem anderen Ergebnis. Der Begriff **subjektive Wahrscheinlichkeit** ist also eine Tautologie. Aber wie die Beispiele zeigen, kann man manchmal objektive Größen wie relative Anteile zur Quantifizierung von Wahrscheinlichkeiten heranziehen. Und wenn man nur eine objektive Größe zur Bewertung zulässt und sonst nichts (was eine subjektive Entscheidung ist), so ist die Wahrscheinlichkeit scheinbar objektiv. Toller Satz!

Im essential über Wahrscheinlichkeit (Stegen 2020) wird ausführlich dargelegt, was Wahrscheinlichkeit konkret bedeutet und wie man sie in bestimmten Fällen auf Basis von relativen Anteilen berechnen kann. Insbesondere werden dort auch die Aussagen, die wir in Kap. 3 allgemein für relative Anteile hergeleitet haben, speziell für Wahrscheinlichkeiten dargestellt. Darüber hinaus wird auch gezeigt, dass das Gesetz der großen Zahlen praktisch gesehen eine Aussage über relative Häufigkeiten ist und daher ohne Zufall und Wahrscheinlichkeit formuliert werden kann (und sollte).

Wir haben also gesehen, dass es in bestimmten Fällen sinnvoll sein kann, statt „relativer Anteil“ den Begriff „Wahrscheinlichkeit“ zu nehmen. Und weil das so wichtig ist, schreiben wir das nochmal explizit hin (und analog kann man das natürlich auch bei „Freude“ oder „Macht“ machen):

▶ **Die drei Regeln für die (axiomatische) Wahrscheinlichkeit** E sei eine endliche Menge. P heißt **Wahrscheinlichkeit** (P für lateinisch „probabilitas“ oder englisch „probability“), wenn folgende **drei Regeln** gelten

1. $P(E) = 1$
2. Für alle Teilmengen $A \subset E$ gilt: $P(A) \geq 0$
3. Für alle Teilmengen $A, B \subset E$ mit $A \cap B = \emptyset$ gilt die Additivität:

$$P(A \cup B) = P(A) + P(B)$$

Diese drei Regeln (Axiome) wurden von Kolmogoroff (1933, Seite 2) in ähnlicher Weise formuliert und heißen deshalb auch „Kolmogoroffsche Axiome“. Kolmogoroff hat also den relativen Anteil axiomatisiert und Wahrscheinlichkeit genannt. Darüber hinaus hat er statt „Menge“ den Begriff „zufälliges Ereignis“ benutzt. Wichtig ist aber auch hier, dass es praktisch gesehen um relative Anteile und nicht um Wahrscheinlichkeiten geht.

Dazu mal wieder ein sprachlicher Hinweis:

Wahrscheinlich

In den Kolmogoroffschen Axiomen wird nur das Substantiv „Wahrscheinlichkeit“, nicht aber das Adjektiv „wahrscheinlich“ definiert. Der Begriff „wahrscheinlich“ ist ein umgangssprachlicher, kein mathematischer Begriff. Aber intuitiv ist natürlich klar, dass mit „Wie wahrscheinlich ist es, dass …?“ gemeint ist: „Wie groß ist die Wahrscheinlichkeit, dass …?“.

Noch schwieriger wird es bei „unwahrscheinlich“, da es dafür recht unterschiedliche Bedeutungen gibt[2].

[2] www.duden.de/rechtschreibung/unwahrscheinlich, Stand 06.01.2021.

Die Beispiele zeigen, dass die relativen Anteile, die man zur Quantifizierung einer Wahrscheinlichkeit nutzen kann, auf unterschiedlichen Wegen ermittelt werden können.

Im Beispiel „Münzwurf" nutzt man die Erfahrung aus vielen gleichartigen Vorgängen, also „a posteriori". Solche Wahrscheinlichkeiten nennt man auch **empirische Wahrscheinlichkeiten.** „Gleichartig" heißt dabei, dass Veränderungen verhindert oder schlicht ignoriert werden.

Im Beispiel „Deutscher Meister" nutzt man keine Erfahrungen aus vielen deutschen Meisterschaften, da sie in der Regel recht unterschiedlich verlaufen sind, sondern man sammelt viele Meinungen ein und nutzt damit die Schwarmintelligenz. Das kann man eine **indirekte empirische Wahrscheinlichkeit** nennen, da sich die Erfahrungen nicht auf das Geschehen selbst, sondern nur auf Meinungen zu dem Geschehen beziehen.

Im Beispiel „Pyramide" berechnet man die Wahrscheinlichkeit aufgrund einer theoretischen Analyse ohne konkrete Erfahrungen, also „a priori". Die theoretische Analyse der Geometrie der Pyramide ist objektiv. Aber wenn man den ganzen Würfelprozess analysieren will, dann kommen zusätzlich Ungewissheiten über die Art des Wurfes, die Unterlage und andere Faktoren dazu, die man unterschiedlich bewerten kann. In dem Sonderfall, in dem jedes einzelne mögliche Ergebnis (präziser: jedes Elementarereignis) dieselbe Wahrscheinlichkeit hat, spricht man von einer **klassischen Wahrscheinlichkeit.** Das ist z. B. beim „idealen Würfeln" der Fall.

Und im Beispiel „Urknall" sammelt man alle Informationen, die man zum Thema hat, bewertet und gewichtet sie und berechnet damit ein gewichtetes arithmetisches Mittel. Auch diese Methode ist eine Mischung aus objektiven und subjektiven Elementen. Eine solche Wahrscheinlichkeit kann man als **kombinierte Wahrscheinlichkeit** bezeichnen.

Wie auch bei der „Macht" kann man auf Basis des Marathonbeispiels in Tab. 3.3 formulieren: „Die Wahrscheinlichkeit der Sekunden(ticks) nach 15 km beträgt 36,1 %". Das ist umgangssprachlich natürlich wieder Unsinn, wäre aber mathematisch vollkommen korrekt.

Etwas subtiler ist das folgende Beispiel:

Beispiel

Würfelt man mit zwei Würfeln, so ist

$$E = \{2, 3, 4, 5, 6, 7, 8, 9, 10, 11, 12\}$$

die Menge aller möglichen Augensummen. Setzt man

$$P(\{i\}) = \frac{1}{11};\ i = 2, \ldots, 12,$$

so erfüllt diese Festlegung die Kolmogoroffschen Axiome, ist also eine Wahrscheinlichkeit. Wenn die Frage in der Klausur einfach nur heißt: „Wie groß ist die Wahrscheinlichkeit, mit zwei Würfeln die Augensumme 4 zu würfeln?", so ist die Antwort $\frac{1}{11}$ mathematisch vollkommen korrekt (WARNUNG! Warum man das in der Klausur trotzdem nicht machen sollte: siehe unten).

Nimmt man stattdessen als mögliches Ergebnis das, was man konkret sehen kann – nämlich die beiden Augenzahlen –, so gibt es $6 \cdot 6 = 36$ mögliche Ergebnisse. Setzt man voraus, dass keine Augenzahl eines Würfels bevorzugt wird (also z. B. kein „Schwerpunktwürfel" und auch keine Tricks beim Würfeln) und dass die Würfel sich nicht gegenseitig beeinflussen (also insbesondere nicht magnetisch sind), so ist plausibel, dass kein Ergebnis gegenüber einem anderen bevorzugt auftreten kann. Der relative Anteil jedes einzelnen Ergebnisses in der Menge aller Ergebnisse ist $\frac{1}{36}$ und somit kann man

$$P(\{(i, j)\}) = \frac{1}{36};\ i, j = 1, \ldots, 6$$

setzen. Dabei bedeutet (i, j) das Ergebnis, dass mit dem einen Würfel (z. B. dem grünen Würfel) die Augenzahl i und mit dem anderen Würfel (z. B. dem roten Würfel) die Augenzahl j gewürfelt wurde. Damit ist die gesuchte Wahrscheinlichkeit

$$P(\{(1,3), (2,2), (3,1)\}) = P(\{(1,3)\}) + P(\{(2,2)\}) + P(\{(3,1)\}) = \frac{3}{36} = \frac{1}{12}.$$

Wichtig ist, dass die Wahrscheinlichkeiten aus beiden Ansätzen mathematisch vollkommen korrekt sind. Darüber hinaus kann man sich unendlich viele andere Zahlenzuordnungen ausdenken, die ebenfalls zu den Axiomen konform sind. Daher werden oft zusätzliche Annahmen gemacht, die zwar in der Praxis nur bedingt überprüfbar sind, die aber so stark sind, dass es eine eindeutige Lösung der Aufgabe gibt. Es hängt also vom Wissen, von Erfahrungen, Annahmen oder (Bauch-)Gefühlen ab, wie man die gesuchte Wahrscheinlichkeit berechnet. Aber natürlich ist in der Regel die zweite Lösung die, die in einer Klausur erwartet wird, weil „ideales Würfeln" vorausgesetzt wird. ◀

Die bisherigen Beispiele zeigen, dass es bei den üblichen Wahrscheinlichkeitsaufgaben mathematisch nur um relative Anteile geht. Der mathematische Kern der Stochastik ist deterministisch, der Zufall spielt keine Rolle. Das ist nicht verwunderlich, denn Zufall ist kein mathematischer Begriff. Daher nochmal explizit die Feststellung.

► Erst bei der Interpretation relativer Anteile können Zufall und Wahrscheinlichkeit ins Spiel kommen, aber dabei passiert mathematisch nichts mehr.

Und weil Zufall kein mathematischer Begriff ist, **ist die erste Maßnahme** bei der mathematischen Behandlung von Zufallsprozessen, **den Zufall auszuschalten.** Dazu trifft man idealisierende Annahmen, die entweder vorgegeben sind oder die man zweckmäßigerweise selbst „hinzudichtet". Dann rechnet man ganz deterministisch und objektiv und zum Schluss bringt man erst bei der Interpretation des errechnete Endergebnisses Zufall und Wahrscheinlichkeit wieder ins Spiel. Wie bereits erwähnt passiert beim Aus- und Einschalten des Zufalls mathematisch nichts. Ob die so berechnete Lösung praktisch sinnvoll ist oder nicht, hängt von Erfahrungen oder Erkenntnissen der bewertenden Person ab. Wer beim Glücksspiel schon öfter betrogen wurde, wird die Wahrscheinlichkeiten beim Würfeln anders bestimmen als jemand, der diese Erfahrung bislang nicht gemacht hat.

Betrachten wir dazu eine „Drei-mindestens-Aufgabe"[3].

Beispiel

Ausgangspunkt ist ein Würfelprozess, bei dem es keinen Grund für die Annahme gibt, dass irgendein Ergebnis bevorzugt auftreten kann, kurz: ideales oder faires Würfeln (idealer oder fairer Würfel reicht nicht aus!). Die Aufgabe ist: „Wie oft muss man *mindestens* ideal würfeln, damit mit einer Wahrscheinlichkeit von *mindestens* 90 % *mindestens* einmal eine 3 gewürfelt wird?"

Da ideal gewürfelt wird, kann es mathematisch nur um relative Häufigkeiten, also ums Abzählen von Fällen, gehen. Damit sind Zufall und Wahrscheinlichkeit ausgeschaltet und wir machen einfach nur deterministische, objektive Kombinatorik.

Es sei n die gesuchte Mindestanzahl von Würfen. Beim einmaligen Würfeln gibt es 6 mögliche Ergebnisse, beim zweimaligen 6^2 und beim n-maligen

[3] www.youtube.com/watch?v=B_bf5PUe6T4, Stand 06.01.2021.

Würfeln entsprechend 6^n mögliche Ergebnisse, wenn man die Reihenfolge der Einzelergebnisse berücksichtigt. Analog gibt es 5^n mögliche Ergebnisse, wenn man nur die 5 Augenzahlen $\neq 3$ zulässt. Beim n-maligen Würfeln ist die relative Häufigkeit der möglichen Ergebnisse ohne die 3 in der Menge aller möglichen Ergebnisse gleich $\frac{5^n}{6^n} = \left(\frac{5}{6}\right)^n$.

Das Gegenteil von „keine 3“ ist „mindestens eine 3“. Dann folgt aus den drei Regeln für relative Anteile, dass die relative Häufigkeit von „mindestens eine 3“ gleich $1 - \left(\frac{5}{6}\right)^n$ ist. Damit ergibt sich:

$$1 - \left(\frac{5}{6}\right)^n \geq 0{,}9 = 90\,\% \quad \Leftrightarrow \quad \left(\frac{5}{6}\right)^n \leq 0,1 \quad \Leftrightarrow \quad n \geq \frac{\ln(0,1)}{\ln\left(\frac{5}{6}\right)} = 12{,}6\ldots$$

n muss also mindestens gleich 13 sein. ◀

Manchmal ist es auch sinnvoll, relative Flächenanteile als Wahrscheinlichkeit zu interpretieren.

Beispiel

Dreht man einen Globus und tippt zufällig auf eine bestimmte Stelle, so ist die Wahrscheinlichkeit, auf eine Wasserfläche zu tippen, etwa 71 %, denn ca. 71 % der Erdoberfläche sind mit Wasser bedeckt. Die Zahl 71 % ist deterministisch und objektiv bestimmt worden, Zufall und Wahrscheinlichkeit spielten dabei keine Rolle.

Zusätzlich könnte man auch hier wieder vorher digitalisieren und zumindest gedanklich ein Netz über den Globus spannen, sodass gleich große Flächenstückchen entstehen. So wird aus einem relativen Flächenanteil eine relative Häufigkeit von Flächenstückchen. ◀

Ein anderes Beispiel dafür, dass man relative Flächenanteile als Wahrscheinlichkeiten interpretieren kann, findet man beim Glücksrad[4]. Auch hier besteht der mathematische Teil der Aufgabe in der Berechnung von relativen Flächenanteilen – ohne Zufall und Wahrscheinlichkeit.

► Oft werden zur Veranschaulichung von Wahrscheinlichkeiten **Mengendiagramme** benutzt. Warum funktioniert das? Ganz einfach: weil

[4] www.youtube.com/watch?v=vX93rO1uG7I, Stand 06.01.2021.

es mathematisch gar nicht um Wahrscheinlichkeiten, sondern um relative Anteile, wie z. B. Flächenanteile, geht.

Wir haben gesehen, dass Fragestellungen rund um Zufallsprozesse zunächst in deterministische Fragestellungen übersetzt werden, damit man sie mathematisch lösen kann. Das macht man, indem man durch idealisierende Annahmen den Zufall ausschaltet. Idealisierende Annahmen sind bei mathematischen Modellen nichts Besonderes und dienen dazu, um eine möglichst einfache Brücke von der Realität zur Mathematik zu bauen. Ähnliches kennt man auch aus der Physik: „Ein Körper bewegt sich gleichförmig geradlinig, wenn keine äußeren Kräfte auf ihn einwirken" (erstes Newtonsches Gesetz). In der Realität gibt es aber immer äußere Kräfte.

Darüber hinaus ist wichtig, dass die Begriffe Zufall und Wahrscheinlichkeit nur in ganz bestimmten Beispielen bei der Interpretation relativer Anteile ins Spiel kommen.

Beispiel

Die Verwendung des Begriffs Wahrscheinlichkeit in den Kolmogoroffschen Axiomen ist so, als würde man „Aktie" statt „Geldanlage" sagen. Das mag in manchen Sonderfällen plausibel sein. Aber zum einen werden Aktien auch genutzt, um Einfluss auf der Hauptversammlung auszuüben. Zum anderen gibt es auch Geldanlagen, die nichts mit Aktien zu tun haben, wie z. B. ein Sparbuch oder Gold.

Kurz: Es gibt Aktien als Geldanlage, Aktien nicht als Geldanlage und Geldanlage ohne Aktien.◀

Und so ist es auch bei Wahrscheinlichkeiten und relativen Anteilen:

▶ Es gibt Wahrscheinlichkeiten, die durch relative Anteile dargestellt werden können; Wahrscheinlichkeiten, die nichts mit relativen Anteilen zu tun haben; und relative Anteile, die nichts mit Wahrscheinlichkeiten zu tun haben. Die drei Regeln sind aber die Regeln für relative Anteile und damit im Allgemeinen nicht für Wahrscheinlichkeiten.

Wahrscheinlichkeiten, die nichts mit relativen Anteilen zu tun haben, kommen zum Beispiel in Krimis vor, wenn ein erfahrener Kommissar sagt: „die Wahrscheinlichkeit, dass X der Mörder ist, ist hoch, aber ich kann das nicht näher begründen – das ist nur mein Bauchgefühl". Und natürlich setzt sich am Ende dieses Bauchgefühl gegenüber allen logisch begründeten Argumenten durch.

Wer tiefer (und niveauvoller als im Krimibeispiel) in dieses Thema einsteigen will, dem sei das Buch von Diaconis, P. und Skyrms, B. (2018) empfohlen, in dem neben der üblichen stochastischen Sichtweise auch psychologische und philosophische Aspekte der Wahrscheinlichkeit untersucht werden.

Und was macht man, wenn man mehrere Wahrscheinlichkeiten gleichzeitig hat? Simple Beispiele sind Glückspiele wie Würfeln, Lotto oder Roulette, wo man gleichzeitig eine klassische und eine oder mehrere empirische Wahrscheinlichkeiten für dasselbe Ereignis – wie z. B. „im nächsten Wurf wird eine 3 gewürfelt" – haben kann. Da diese Wahrscheinlichkeiten in der Regel unterschiedlich sind, stellt sich zwangsläufig die Frage: was ist in diesem Fall DIE Wahrscheinlichkeit für das Ereignis? Eine ausführliche Antwort findet man bei Stegen (2020). Und wenn Sie, liebe Leser/innen, ein anderes Buch kennen, in dem diese Frage beantwortet wird, dann geben Sie mir bitte einen Hinweis an ruediger.stegen@t-online.de.

Relative Anteile statt Wahrscheinlichkeit

Im Zentrum dieses essentials stehen relative Anteile, für die zunächst drei Regeln hergeleitet wurden. Auf dieser Basis wurde die axiomatische Definition von „relativer Anteil" formuliert und einige grundlegende Eigenschaften abgeleitet. Dabei haben wir gesehen, dass es viele verschiedene Realisierungen (wie relative Häufigkeit, relativer Zeit- oder Flächenanteil) und Interpretationen (wie Freude, Macht oder Wahrscheinlichkeit) gibt und dass sich dafür die allgemeinen Erkenntnisse über relative Anteile sinnvoll anwenden lassen. Schließlich sind wir bei den Kolmogoroffschen Axiomen gelandet, die formal wie die drei Regeln für relative Anteile aussehen, aber im Gegensatz dazu die Begriffe Zufall und Wahrscheinlichkeit beinhalten. Wie Kolmogoroff in seinem Werk gleich zu Beginn betonte, haben seine Axiome aber im Allgemeinen nichts mit Zufall oder Wahrscheinlichkeit im praktischen Sinne zu tun. Das ist auch der rote Faden dieses essentials: bei den drei Regeln geht es um relative Anteile, während Wahrscheinlichkeit (oder Freude oder Macht) nur eine beispielhafte Interpretation davon ist. Diese Interpretation liegt außerhalb der Mathematik, denn sie verändert den berechneten Wert nicht. Ferner gilt die Einschränkung, dass man nur in ganz bestimmten Fällen relative Anteile zur Quantifizierung von Wahrscheinlichkeit (oder Freude oder Macht) nutzen kann, im Allgemeinen ist das nicht möglich. ◀

Wahrscheinlichkeit ist ein zentraler Begriff der Stochastik, aber es ist alles andere als einfach, die konkrete Bedeutung plausibel darzustellen. So schrieb Christoph Pöppe, der viele Jahre Redakteur bei Spektrum der Wissenschaft war, im Heft 11/2019, Seite 83, mit großen Lettern:

> Die Mathematiker haben sich um eine klare Aussage gedrückt, was eine Wahrscheinlichkeit ist

Und der Mathematiker, Philosoph und Nobelpreisträger Bertrand Russell soll einmal gesagt haben:

> Probability is the most important concept in modern science, especially as nobody has the slightest notion what it means

▶ **Wichtig** Die angewandte Stochastik wird nicht nur allgemeiner und umfassender, sondern auch einfacher und klarer, wenn man in ihrem mathematischen Teil relative Anteile an Stelle von Wahrscheinlichkeiten behandelt und den Begriff Zufall vermeidet.

Daher sollte die Stochastik in Schule und Hochschule auf dem relativen Anteil anstelle des problematischen Anwendungsbeispiels Wahrscheinlichkeit basieren.

Was Sie aus diesem *essential* mitnehmen können

- Die angewandte Stochastik kann und sollte auf relativen Anteilen statt auf Zufall und Wahrscheinlichkeit aufgebaut werden, denn sie wird dadurch einfacher und allgemeiner
- Die Kolmogoroffschen Axiome sind praktisch gesehen die Regeln für relative Anteile und haben im Allgemeinen nichts mit Zufall und Wahrscheinlichkeit zu tun
- Grundlegendes wie die Kolmogoroffschen Axiome, der Erwartungswert, die bedingte Wahrscheinlichkeit, die stochastische Unabhängigkeit, der Satz von Bayes oder der Satz von der der totalen Wahrscheinlichkeit sind ohne Zufall und Wahrscheinlichkeit anschaulicher und umfassender
- Die Interpretation relativer Anteile als Freude, Macht oder Wahrscheinlichkeit liegt außerhalb der Mathematik, da sie das Errechnete nicht verändert

R. Stegen, *Stochastik ohne Zufall und Wahrscheinlichkeit*, essentials, https://doi.org/10.1007/978-3-658-33779-7

Literatur

Bosbach, G. und Korff, J. (2011). *Lügen mit Zahlen.* München: Heyne

Diaconis, P. und Skyrms, B. (2018). *Ten great ideas about chance.* Princeton: Princeton University Press

DIN 1319–1 (1995). *Grundlagen der Messtechnik – Teil 1: Grundbegriffe.* Berlin: Beuth

Kolmogoroff, A. N. (1933). Grundbegriffe der Wahrscheinlichkeitsrechnung. *Ergebnisse der Mathematik und ihrer Grenzgebiete, 2. Band, Heft 3.* Berlin: Julius Springer

Krämer, W. (2015). *So lügt man mit Statistik.* Frankfurt am Main: Campus

Schurz, G. (2015). *Wahrscheinlichkeit.* Berlin Boston: De Gruyter

Stegen, R. (2020). *Wahrscheinlichkeit – Mathematische Theorie und praktische Bedeutung.* Berlin Heidelberg: Springer Spektrum

R. Stegen, *Stochastik ohne Zufall und Wahrscheinlichkeit*, essentials,
https://doi.org/10.1007/978-3-658-33779-7

Printed in the United States
by Baker & Taylor Publisher Services

DELIRIUM

Amidst men

Mean side of men

They think

They feel

They were

The wisest

Of the wise

Perching on others

Not in the order

That is highest

In a dukedom;

The animal's.

BECOMING A WAIF

CHILD: Father, Father….
Hearing is ears'
Speaking, mouths'
Seeing, eyes'.
You promised, "later on",
Give me your ear,
A word
Ope your eyes,
Use these senses!

INTRUDER: Poor you, cut is that trunk!
That's his stump
They do not speak
Nor do they hear
Some say they do
With butchered silver lining….
The why, you shall know
Maybe, like many, not….
Poor thing!

CHILD: Healthy, I am rich!
I have a father
Not a tree stump!

INTRUDER: He is gone!
Hear the gun

Rumbling like thunder;

He's now under….

Or, where is he?

CHILD: Lies! Not Under !

At the Hospital….

He voiced….

INTRUDER: And that ridge?

CHILD: A pavement

People prepared him!

Let him pass through….

But there is no Hosp…

Voice! Where is the place?

INTRUDER: Come, come sojourn with us!

Make merry with us!

And tomorrow, tomorrow,

Many, many tomorrows

With him you'll dine

In festive merriment

As others would strain

Their brains,

Eyes as you

Now do!

CHILD: I don't like plurals

I don't like singulars

Why not draw it come now

As my eyes blink?

INTRUDER: Your day's insomnia

Your night, sleep

And in his breezeless night,

He slept

With the starlight!

CHILD: This glebe is a desert

No trees only dates....

He goes alone, leaving me!

Why did he have me

When today I am not his?

He was the desert oasis

And I the desert plant....

Voice, your promises are

The mirage to the desert wonderer....

I am thirsty

To halt it, I need him now!

If you are severance's responsibility,

Send him back to me....

I implore you!

INTRUDER: Come to us!

Quest no more than you need,

Tomorrow we shall all leave;

Desertion is part of this show!

He has done his!

I am gone

And let's be gone!

CHILD: Plodding hard-heartedly,

I'll join your wagon

And that day you, engine,

Stop,

I would it end there

On becoming a waif!

The emptiness of the world

Is hope full

And hope a solvent

To insoluble ups

And

Downs

Along the roads

Of life

On which people plod;

Now he is anymore

I will be bored,

Let me trek….

NOSTALGIA

On my bed in sleepless ennui

Rolling round and round

My thoughts are turned unto that one Lady

On whose laps I slept warm and sound

And these thoughts rolling my eyes

Goad my expectations to seeing this belle

Yet, all that's left is none but the stony

Source of my tears' Spring

Letting the tears roll down my cheeks

Whenever I roll the balls of these Eyes

In the way of my bony

Lass!!

By Gwad!!

Take away my food

Take away my drink

Take away my peace

And give me no sleep

Nor rest

But give me her

And I will show you

That all I lost I found

She is Food

Drink

Sleep

Peace

And rest

And this is the Lady I, like everyone, for

Long Longed for !!

GINNERS

A mind in a cup planted!
Can it be by any means uprooted?
Doctors' dissuasions? O, No!
Take them no heed of doctors' counsel.

At the hearths of the mud huts, for cooking? No wood!
With leaves, wives roast cocoyam. With no soup,
Content are they, in suit, rakish kids ragged.
Yet, see not them that. In the dark so lit they're to be read.

When in alcohol stream, blood shortage,
Waning and enervation ensue; to the furrow take them;
To oblivion goes "sweet mützig…. Famous hymn!
Not even in daylight can they be read though up lit.

Why in cups plant minds
Kissing them all long day and night,
Only to bend over for mouth to snap open,
Denigrating the adage, "A slow poison is alcohol?"

CHANGE

Like trees that produce fruits

And are less talked of;

With all attention only to fruits

Focussed,

I am the mother of all wars,

The father of all wars,

And none but I guide

Every human and natural action;

Though discarded

With only my goals, in mind planted,

I am just, invincible master

Of the Universe!

CHASE OF THE TRIUMPHANT

As they homeward make warm and gay,

By the hearth squats the viper.

At the sight of them,

Her bile explodes. She took to the feet.

The lens she casts on them falls

On the retina hosting their silhouettes

With red feathers on the hats.

For a break must have gone the night jar.

Her mind's mind never pictured such.

It was her prodigal's all along success….

Yet, why this boomerang?

Falling on her are four of the pointing fingers,

Of her that on them falls just one. Goodness!

On them she casts a dagger but it falls on her:

Giving her a taste of the icing on her cake.

Another try,

West goes the spears she throws East

And she leaves heavy headed.

Much more than a dunce she coughs,

Now quarantined, she is averted

As the triumphant set the faces East

And the rays of a dawn on them falling.

DYING '85

Slowly, behind the god of stones

Thy twilight wanes,

Darkness thee crushing

To make way for another

'85 of Love and hate, hope and failure;

A year of anguish,

One of joy

The good bad old days of thine gone!

Sad and happy moments all gone!

Going to where are thine happy moments?

Shall we in another time share these moments?

To voice the wrong right, not thee nor I

Can. For the nod never was and never will be right.

Yet, the unknowable must thee take

'85, "adieu" I bid thee wake,

Prepared is thine room as thou sail.

For me, set a room, don't fail!

On thy way, recall to my succulent eighty-six

Not to attach thine awful hate and anguish

As her dawn comes breaking the rugged crowd.

In my hands I bid her welcome.

THE BLIGHT

With sole hope for its end to come
My people in maze stare at him
When the season of blight comes
Grudging him as an enemy
Relegating themselves his
And he is just a creature
in the race to fend
on others defending his image
it is not unusual
as heads weigh heavily on necks
then they are the blight of necks
and if we can't decapitate them
why attempt on plants
wanting to shine bright
like these denigrated heads
whose only joy
is stay
and strain necks, their dome.
All shall squat beguiled
And that's nature at work
Becoming factitious

Segmenting society in strata.

URCHIN

Mosquitoes' mutiny

A song so tiny

Like a new born child

With no dour print of chide

But admiration

Causing no motion

Though it trekked, no groped

Through the uric road

Prickling throats for a toast

As parents of the dolt boast,

Till in action, his sting

Clutches them to spring

With cacophonic sighs

For noosing heads in melodious sound;

Blinked. From their thighs,

To his knees fell on the ground....

THE PLANTS' CALL: THE HIDDEN NAME

The plants, hefty shrubs

Are beautiful

Promising good harvest.

This, less watched,

Throws her in reflection pool,

Questing alone her produce

Till skies on hills fall;

She sobs storm undo her.

Yet the leech with arms

To retort the imminent slip

Miring him

Beams a lee to asphyxiate

And will use the loot his way,

Not by others placed on rails

To blaze plant's train's trail

Hiring sadhu, accountant;

His potency countered....

DEMISE'S RESIDENCE

Just the moment they their
Meals had and others theirs
Preparing, came the stampede
After five days warning....
Though of sapiens' making, than being,
Clement nature responsibility shouldered, traduced.
Yet, in midair the decoy on both sides, stood.

Cursed neutron, than botha's bastion blast,
Swashbucklingly, marched thy nauseous stench
Behind screened benediction;
For extermination, an inhalation.
Yet, for not the prey falling,
Never was the bitter truth echoed:
For nowhere since Genesis has it blasted,
But, why, twice on our SIMA has it exploded?

MINERVA'S GRAVE

With thy brother's birth pronouncement,

On our knees we meditate.

Quickly come to our rescue,

Forced, we sit and sniff it

In this incinerator, sunk,

Though with those of a world

A different and rugged one from ours

To glance and search a ticket,

The bread ticket. But, touch it,

Calorielessly we've been mounting

Under that tongue, strenuous and weighing.

A tongue, more than less a stranger,

Not to my tongue

But that of this borrowed one.

Yet, in the frozen waters of this tomb,

Leaflikely floating, I my brothers see,

With uneducated literate ones booing.

How can one touch that ticket at the bosom?

Why not leave my borrowed taste-bud?

It wants a stand, a stand in this sham.

how it got lost

dangling left and right

turning backward and forward

then it meant not for me twilight

the long enjoyed ties severed

cajoled being I caitiff

under the cross it gave for being idol

the famous dictum never any such rubbish

pour on your ancestral dud

yet for us construct 'em stone to worship

knee crooking we hail christ on the cross….

before back turning the roots are tapped, drained

want of libation I my face turn to culture

harriers had it away taken

ages before meeting her

in paris

i paid for georges pompidou

heard of the louvre

hurried there to lose finances

feast eyes

on skulls and sculptures from grandy's!

PROSELYTIST

The truth is me.

Reach him through me.

To me God speaks.

Through another person,

Hell bound you are

Like Muslims,

Catholics,

Buddhists,

And the animists.

Child question not

About those

With crown of mishap

Who'll never see me

For the scale shall

By their value be!

Ask not my fate

Were I in Mecca born.

In faith I'd be Christ,

One for that pagan society

As the other for the Jewish.

Say not, "how do you know them pagan?

They worship an idol, alas!

Voice not the crucifix;

That's the glorification of my god.

Query not his slow descend;

A test of the faith of his creation.

The word that I am lived with god,

And none but I hold him.

Now, question. Just one!

Is God's image bad,

How good is God then?

'Tis heresy!

Damn!

To Hell you are bound!

OPTIMISTS

With gloom

The only bloom

Keep this broom

As a groom

Wearing a smile

To screen the pile

That makes the pyre

For faithfuls to cluster round a lyre

Playing to uplift hearts

Musing: "all was not hard."

Though her face was all warts

That buried her smile in a ward.

Darkness must not rule.

The West, sun's grave should.

Keep ye this basic truth,

Wilt thou,

Quest only the upper part

With its affluence

Not the lower with all scarce

Even when thou art there

Dream and claim thou were elsewhere

And thou would be, with a panegyric, lauded

Like god of good humour

Though thou seest grievously no armour;

Such, thou art the good sample optimist,

Yet, thy shadow follows and persists

And thou shall forever insist

O, optimists

Plod along the mist….

SEVEN OVER ALL

"I" haunts brains

to meddling with that of Two

(I'd have echoed tom)

which sends them to that of tree

mirroring the universe's silhouette

looking like a tree-trunk

straining under branches, fruits,

with no attention given him

when he shall lie,

the world shall crawl

like Mr. Fallus out of the valley.

Seven sit on All.

The number balances the call

With the first receiving four letters

And all just two

Saying why cripples

Desire Limbs....

SCULLERY

Endless fruitful society for three

Entirely infested by foreign rats

With self interest,

Each in a burrow,

Rough sea for Southern Prey;

Limbless misery,

Concludes that absolutely

Obsolete theory

Suppressing Ideas,

Essential reading

Relating all to himself; Mr. Predator,

Concerned about growth.

requiem

as storm roots up the iroko,
"it is a song note
when you bid farewell
earth
you shall know well!"
the old man said nodding off;
his box at park age stuffed.

on the front as bullets sting
i have no one to sing
especially as i am anymore;
gone to rest by his accord;
my compatriot's
of this species deployed.

folks look for my grave
and would never find it
for i am buried in her,
when the tap opened
the greenery changed
red, reason
for my requiem's absence.

though not a want

of the absentee,

by the cenotaph one

is given.

HEART BEATS

Together, two hearts,

Brought, than with

Passion consume fruits

Of Mother Nature,

These two with awe

Uphold staring

As if pricked by some strange sting

And would not embrace

And digest the crumbs

Of sentiments

Ridding them of sediments

With Patience's

Abject prescience

To turn miraculous,

Consummation Magnanimous….

Chanted songs by the world

Did traverse the tympanum and no word

Stored;

Yet, savoured

Everything as would eyes

On lakeside Roses.

MY LETTER

To be upheld by humanity

Is God's most perfect gift

In which resides a miracle

In the hearts of men,

How it happens is unknown

Nor where it takes its rise,

But the happiness it brings

Gives not but a special life

For we look at one another

With love and admiration

Hate and disgust,

Yet, there is proof of worthiness

That gives us broad smiles,

Boost our friendship;

On the contrary case, lament,

Cursing and questing why

We knew one another

Which in most cases almost

Reaches the maternity

But with such a worthy proof

At the acme is found one word:

Love

Summarizing Friendship

That outweighs fraternity

And flying above a dove.

SEEING FROM THE OTHER SIDE

Dearth is the rich man's nightmare

Richness is the poor man's dream

One colourful dream

None can spare

And all would bear

The thoughts of shortage ware

The rich

And same enrich

The poor

Drive them to industry

As it does the rich to misery

And why not the third world's?

MY STAR

Yellow,

Yellow,

Yellow,

My star is not Jewish Yellow

But like it, she follows me day and night

And often times, I feel the might

The might to let her go, but this dream

Hardly comes true for she flashes her beam

Reflecting the calm of a morning

Her country's fame to mind bring

The calm of morningness

And/or the mornings of calmness

And she shines

She shines

Yellow,

Yellow,

Yellow…!